ANLEITUNG
ZU GENAUEN TECHNISCHEN
TEMPERATURMESSUNGEN

Von

Dr. phil. Dr.-Ing. e. h. Osc. Knoblauch

Professor an der Technischen Hochschule München
Geheimer Regierungsrat

Dr.-Ing. K. Hencky

Privatdozent an der Technischen Hochschule Aachen
Leiter der wärmetechnischen Abteilung der
I. G. Farbenindustrie A.-G. Leverkusen

Mit 74 Textabbildungen

Zweite, völlig neu bearbeitete und erweiterte Auflage

DRUCK UND VERLAG VON R. OLDENBOURG
MÜNCHEN UND BERLIN 1926

Herrn Geheimen Rat

Professor Dr. phil. h. c. Dr.-Ing. e. h. Carl von Linde

dem Gönner und Förderer

des Laboratoriums für technische Physik

der Technischen Hochschule München

in Dankbarkeit und Verehrung

gewidmet von den

Verfassern

Vorwort zur 1. Auflage.

Das vorliegende Buch ist in erster Linie für den technischen Physiker und den in der Praxis stehenden Ingenieur bestimmt. Diese erhalten wohl aus den Lehrbüchern der Physik die erforderliche Auskunft über die den verschiedenen Arten der Temperaturmessung zugrunde liegenden Gesetze und aus den Praktikumsbüchern die Beschreibung der bei den Messungen angewandten Methoden. Sie finden in diesen aber nicht die Ratschläge, wie bei Temperaturmessungen im technischen Betriebe das Meßinstrument z. B. in eine Maschine einzubauen oder an ihr anzubringen ist, um die Temperatur unter Vermeidung aller möglichen Fehlerquellen mit der erreichbaren Genauigkeit zu bestimmen.

Da die Verhältnisse, unter denen Temperaturmessungen vorkommen, außerordentlich verschieden sind, so gehört eine umfassende Erfahrung dazu, um in jedem einzelnen Falle gleich auf den ersten Blick alle Vorgänge zu übersehen, die auf die Temperaturbestimmung einen fälschenden Einfluß haben. So scheint es nicht überflüssig, einige solcher Erfahrungen zusammenhängend darzustellen, um dadurch weitere Kreise darauf hinzuweisen, daß auch mit einem noch so teuren Meßinstrument eine genaue Temperaturbestimmung nur dann erzielt werden kann, wenn dieses Instrument mit der nötigen Sachkenntnis angewandt wird. Die bei der Messung gemachten Fehler sind nämlich zahlenmäßig meist viel größer, als die Beobachter gemäß der aufgewandten Sorgfalt und Mühe selbst vermuten.

Bei der Bearbeitung des ursprünglichen Planes, nur eine Reihe von Erfahrungen zusammenzustellen, die bei den im Laboratorium für technische Physik in München ausgeführten Untersuchungen gesammelt worden sind, führte bald zu der Erkenntnis, daß sowohl die Brauchbarkeit des so entstehenden Buches als auch sein Wirkungsgrad wesentlich zunehinen

würde, wenn auch anderweitige Erfahrungen aufgenommen
und wenn ganz allgemein einige der wichtigsten Punkte gesammelt würden, die bei einer Temperaturmessung bedacht
werden müssen und nicht vergessen werden dürfen.

Unsere Sammlung will und kann auf Vollständigkeit
keinen Anspruch machen; ihr Zweck ist erreicht, wenn in
weiteren Kreisen das Verständnis für die Fehlerquellen ge-
weckt worden ist, die durch eine nicht sachgemäße Anwendung des Meßinstrumentes geschaffen werden und die hauptsächlich durch dessen Wärmeaustausch mit seiner Umgebung
bedingt sind. Hierbei kommen nur solche Instrumente in
Betracht, die, wie die Flüssigkeitsthermometer, Thermoelemente und Widerstandsthermometer, mit dem Körper,
dessen Temperatur gemessen werden soll, in unmittelbare
Berührung gebracht werden. Es scheiden also von der Behandlung die sogenannten optischen Pyrometer (wie das von
Holborn-Kurlbaum oder von Wanner) aus, bei denen die
vom Körper ausgehende Strahlung benutzt wird, um mittels
der Strahlungsgesetze seine Temperatur zu ermitteln.

Alle die möglichen Fehlerquellen lassen sich einheitlich
beschreiben, zahlenmäßig ihrer Wirkung nach beurteilen und
endlich auch vermeiden, wenn man die Temperaturmessung
als ein »Problem der Wärmeübertragung« auffaßt. Aus diesem Grunde sind im ersten Paragraphen des ersten Teiles
die Gesetze der Wärmeübertragung behandelt, die in den
physikalischen Lehrbüchern im allgemeinen nicht die ein-
gehende Würdigung ihrer Bedeutung erfahren, die ihnen in
überwältigend vielen technisch-physikalischen Vorgängen zu-
kommt. In den beiden darauffolgenden Paragraphen sind
diese Gesetze auf einige wichtige Fälle der Temperaturmessung
angewandt, um gleich von vornherein ein Urteil über den
Wert der Fehlergröße zu ermöglichen.

Im zweiten Teile des Buches sind die hauptsächlichsten
Meßinstrumente nebst den Hilfsapparaten beschrieben. Denn
der in einer Firma tätige Ingenieur, der gelegentlich einer
Untersuchung Temperaturmessungen anzustellen hat, wird im
allgemeinen bei der Auswahl der Methode und des anzu-
schaffenden Instrumentes auf sich allein angewiesen sein, ohne
sich von einem Sachverständigen Rat erholen zu können.

Endlich enthält der dritte Teil für eine größere Zahl verschiedenartiger Fälle die Anleitung, wie die Instrumente eingebaut und angewandt werden müssen, um die Messung der Temperatur mit der erforderlichen Genauigkeit auszuführen. Es ist dabei nur zufällig das Thermoelement gegenüber dem Widerstandsthermometer bevorzugt worden. Die für ersteres empfohlenen Anordnungen sind sinngemäß auch für letzteres anwendbar. Die geschilderten Meßverfahren haben sich im Laufe längerer Forscherzeit herausgebildet und bewährt. Sie sind teils altbekannt, teils neuerdings an anderer Stelle veröffentlicht, teils hier erstmalig beschrieben. Aus ihnen wird der in der Praxis oder im Laboratorium tätige Ingenieur entweder die für seine besondere Untersuchung passende Art des Einbaues unmittelbar finden oder die Gesichtspunkte für eine sachgemäße Neukonstruktion entnehmen können.

Sollte es auf diese Weise erreicht werden, daß die in der Praxis tätigen Ingenieure einerseits die wünschenswerte Sicherheit ihrer Temperaturbestimmung erzielen, anderseits sich stets ihrer Meßgenauigkeit bewußt sind, so wird die technisch-physikalische Forschung davon den außerordentlichen Gewinn haben, daß sie bei der Verwertung von Beobachtungen nicht auf die Versuche der Forschungslaboratorien beschränkt ist, sondern auch das aus der Technik stammende reiche Beobachtungsmaterial wird benutzen können.

So hofft das Laboratorium für technische Physik, das vor 17 Jahren eröffnet wurde, um physikalische Fragen von technischem Interesse zu untersuchen, auch durch dies kleine, in anspruchsloser Form erscheinende Buch, das von solchen Forschungen seine Anregung erhalten hat, die technische Physik zu fördern und dadurch in gleicher Weise der Technik und Physik zu dienen.

Herr Prof. Dr.-Ing. Nußelt, z. Z. in Mannheim, hatte die große Freundlichkeit, das Manuskript des Buches vor der Drucklegung durchzulesen; ihm verdanken wir eine Anzahl wertvoller Anregungen. Zu ganz besonderem Danke sind wir Herrn Prof. Dr.-Ing. Max Jakob, Charlottenburg, verpflichtet, der dem Manuskript ein eingehendes Studium gewidmet und uns eine große Zahl von Verbesserungsvorschlägen gemacht hat. Endlich möchten wir nicht unterlassen, der Verlagsbuchhandlung unseren aufrichtigen Dank auszusprechen. Sie hat trotz der großen durch die Kriegszeiten bedingten Schwierigkeiten die Drucklegung in Angriff genommen und das Buch in jeder Hinsicht mustergültig ausgestattet.

München, den 19. Januar 1919.

Osc. Knoblauch.   K. Hencky.

Vorwort zur 2. Auflage.

Sieben Jahre sind seit dem Erscheinen der ersten Auflage des vorliegenden Buches vergangen. Es hatte die mit Temperaturbestimmungen beschäftigten technischen Physiker und Ingenieure in eindringlicher Weise darauf hinweisen sollen, wie große Meßfehler durch ungeeigneten Einbau der Meßinstrumente entstehen können, und hatte außerdem in anschaulicher und leicht verständlicher Form die Anleitung geben sollen, wie die durch Wärmeab- oder -zuleitung entstehenden Fehler zu vermeiden sind.

Daß das kleine Buch anscheinend seinen Zweck erfüllt hat, dürfen wir Verfasser wohl aus folgenden Umständen schließen: Erstens ist kein anderes, den gleichen Gegenstand in anderer Form behandelndes Buch im Handel erschienen; zweitens hat der Grundgedanke unseres Buches, daß das »Thermometer einen Fremdkörper im Temperaturfelde darstellt«, bereits in andere Bücher und auch bei Messungen im praktischen Betriebe Eingang und somit seine wissenschaftliche Anerkennung gefunden; drittens aber ist der für die Praxis wichtige Erfolg erzielt, daß der vom Verein deutscher Ingenieure geschaffene Normenausschuß in allerneuester Zeit auch die Normung der Thermometer, und zwar unter besonderer Berücksichtigung der durch ihren Einbau entstehenden Meßfehler in Angriff genommen hat. — Dem Vernehmen nach werden namhafte Firmen, welche die von uns berechneten Meßfehler bei ihren Versuchen bestätigt fanden, sie bei der Konstruktion der Meßinstrumente künftighin zu vermeiden suchen.

Wie wohl jede erste Auflage, so war auch die unsrige der Ergänzung und Verbesserung bedürftig. Wir waren damals nur in sehr geringem Umfange in der Lage, die experimentellen Belege für die theoretisch berechnete Größe der Meßfehler beizubringen. Nun wirkt aber jede durch einen Versuch gefundene Zahl viel eindringlicher und nachhaltiger auf den Leser als noch so viele theoretisch berechnete Zahlenwerte. Wir waren daher bemüht, in die neue Auflage möglichst viele versuchsmäßig erhaltene Belege aufzunehmen. Sie stammen größtenteils aus dem Laboratorium für technische Physik der Technischen Hochschule München und sind teilweise bisher noch nicht veröffentlicht, teilweise erstmalig in dem »Merkblatt für Temperaturmessungen« abgedruckt, das der eine von uns (Osc. Kn.) auf Veranlassung und unter Mitwirkung der Hauptstelle für Wärmewirtschaft herausgegeben hat (vgl. »Archiv für Wärmewirtschaft« 1923, S. 15 und 35).

Eine weitere Ergänzung besteht in der Besprechung der Strahlungspyrometer; diese waren in der ersten Auflage absichtlich unerwähnt geblieben, da sie nicht wie die anderen Meßgeräte infolge ihrer Berührung mit dem untersuchten Körper Meßfehler veranlassen und daher den einheitlichen Aufbau des Buches nicht hatten stören sollen. Dieses Bedenken haben wir in der zweiten Auflage fallen gelassen. Maßgebend war erstens die Erwägung, daß die Strahlungspyrometer neuerdings von mehreren Firmen in den Handel gebracht werden und daher in der Praxis in steigendem Maße zur Anwendung kommen und zweitens die Tatsache, daß bei der Temperaturmessung von Gasen mit den Strahlungspyrometern in den Gasen Körper oder Flächen vorhanden sein müssen, welche ebenfalls Gastemperatur besitzen. Für den etwa erforderlichen Einbau von Hilfskörpern gelten aber dieselben Gesetze wie für den der Thermometer. Die hierbei anzustellenden Überlegungen entsprechen durchaus dem einheitlichen Grundgedanken des Buches wenigstens in weiterem Sinne. — Wir haben daher eine kurze Besprechung der den Strahlungspyrometern zugrunde liegenden physikalischen Gesetze und ihrer Konstruktionsprinzipien in das Buch aufgenommen.

Die in der 2. Auflage vorgenommenen Verbesserungen beziehen sich auf eine große Zahl von Veränderungen, Erweiterungen und Ergänzungen, sowie die Fortlassung mehrerer weniger wichtiger Abschnitte. Außerdem wurde die Reihenfolge des II. und III. Teiles vertauscht. An die im I. Teile abgeleiteten »Gesetze der Wärmeübertragung und deren Anwendung in der praktischen Thermometrie« schließen sich nunmehr unmittelbar im II. Teile die »Anwendungen der Thermometer in der Praxis« an. Die »Beschreibung der Temperaturmeßgeräte« folgt dann erst im III. Teile.

So hoffen wir, daß unser Buch auch in seiner neuen Form dem Fortschritt der Technik und der Physik dienen wird. Es ist kein abgeschlossenes Werk, wie etwa ein Lehrbuch, das einen bestimmten Stoff erschöpfend behandelt; denn da es für die Anwendungen der Temperaturmessung in der Praxis bestimmt ist und diese nach Art und Zahl beständig wechseln, so ist die Auswahl der im Buche behandelten Fälle bis zum gewissen Grade willkürlich und notwendigerweise beschränkt. Sie sind gewissermaßen nur Beispiele, deren Behandlung die Anleitung geben soll, wie ähnliche in der Praxis vorkommende Fälle in Angriff genommen werden müssen.

Die technisch-physikalische Forschung hat sich in den letzten 20 Jahren erfreulicherweise in der Richtung entwickelt, daß sie nicht mehr wie früher einen Vorgang als Ganzes betrachtet und gesetzmäßig durch eine sog. »Faustformel« zu erfassen sucht; sie verwendet vielmehr jetzt die Methodik der reinen Physik, jeden zusammengesetzten Vorgang in seine Teilvorgänge zu zerlegen, um zunächst die Gesetzmäßigkeit jedes dieser letzteren festzustellen und erst dann durch Übereinanderlagerung der Einzelgesetze das Gesetz des ganzen Vorganges zu finden. — Insoferne man eine Temperaturmessung nicht als »Mittel zum Zweck«, sondern als »Problem der Forschung« auffaßt, bei dem zu überlegen ist, auf welche Weise alle störenden Fehlerquellen vermieden werden können, so gibt es wegen der Vielheit dieser Fehlerquellen für einen seine Forschungstätigkeit beginnenden Ingenieur kaum eine bessere Vorübung, sich in diese neuere Methodik einzuleben, als eine Temperaturmessung. — Wir würden uns freuen, wenn unser Buch in diesem Sinne auch einen gewissen pädagogisch-erzieherischen Erfolg zu verzeichnen hätte.

Noch ein letzter Punkt sei zu erwähnen gewagt: Es kann nicht geleugnet werden, daß die innere Fühlung der »reinen« Physik mit der »technischen« Physik immer noch eine recht lose ist. Dies rührt daher, daß die erstere sich ihre Probleme unbekümmert um deren technische Verwertbarkeit wählt und sich vielfach mit einer gewissen Absichtlichkeit von der Möglichkeit der wirtschaftlichen Verwertung ihrer Ergebnisse fernhält. Dies mangelnde Interesse zeitigt naturgemäß bei ersterer auch ein mangelndes Verständnis für die die Technik beschäftigenden Probleme (vgl. J. Stark, »Die gegenwärtige Krisis in der deutschen Physik«, Verlag von Johann Ambrosius Barth, Leipzig 1922, S. 27/28) und unter Umständen sogar eine geringere Wertschätzung der technischen gegenüber der reinen Physik. — Sollte unser Buch auch den Weg in die Hände eines reinen Physikers finden, so würden wir es mit Befriedigung empfinden, wenn er daraus erkennen würde, daß die Versuchsbedingungen in der Technik im allgemeinen viel, viel unübersichtlicher und verwickelter sind als in der reinen Physik, und daß es deshalb in der ersteren vielleicht schwieriger ist, eine Meßgenauigkeit bis auf 1 Prozent zu erreichen, als in letzterer diejenige von 0,1 Promille. Denn der technische Physiker muß die Versuchsbedingungen so n e h - m e n, wie sie ihm die Technik v o r s c h r e i b t, der reine Physiker kann sie so w ä h l e n, wie es ihm zur Erreichung großer Meßgenauigkeit p a ß t. — Da unser Buch seinen Ausgang zwar aus dem Arbeitsgebiete der technischen Physik genommen hat, aber auch auf demjenigen der reinen Physik vielfach verwertbar sein wird, so wäre es erfreulich, wenn es auch zu seinem Teile beitragen könnte zur Anbahnung eines besseren gegenseitigen Verstehens dieser beiden Kreise, oder anders, aber nicht weniger zutreffend ausgedrückt, zu einer innigeren Fühlung zwischen den Universitäten und Technischen Hochschulen.

Für die sorgfältige Durchsicht der Korrekturbogen und die Ausführung verschiedener Berechnungen und Zeichnungen sind wir den Mitarbeitern des Münchener Laboratoriums für technische Physik, den Herren Dipl.-Ing. K. D e h n, Dr.-Ing. W. K o c h und Dr.-Ing. H. R e i h e r zu besonderem Danke verpflichtet.

München. Leverkusen bei Köln, Ostern 1926.

Osc. Knoblauch, K. Hencky.

Inhaltsverzeichnis.

Einleitung.

Da fast sämtliche Vorgänge in der uns umgebenden Natur durch die Temperatur mehr oder weniger beeinflußt werden, so hat die Messung der Temperatur in der naturwissenschaftlichen Forschung von jeher eine besonders wichtige Rolle gespielt. Dem entspricht der große Aufwand von wissenschaftlicher und praktischer Arbeit, der auf die Ausgestaltung der verschiedenen Meßmethoden verwandt worden ist.

Die Formen der Temperaturmeßgeräte sind außerordentlich verschieden und richten sich z. B. nach der Größe des Beobachtungsgegenstandes, nach der Höhe seiner Temperatur, nach der Geschwindigkeit und Art seiner Bewegung. Infolgedessen werden an die Leistungsfähigkeit der Firmen, welche die nötigen Instrumente zu liefern haben, außerordentlich hohe Anforderungen gestellt. Ist doch z. B. ein Quecksilberthermometer, welches bei 750^0C noch einwandfreie Ablesungen gestattet, auch dem Laien schon als ein kleines Kunstwerk erkennbar, und noch viel mehr, wenn er erfährt, daß der Raum über der Quecksilberkuppe vor dem Zuschmelzen künstlich mit einem stark komprimierten Gase gefüllt werden mußte. Auch in den Werkstätten der elektrischen Schwachstromtechnik, welche elektrische Apparate für die Temperaturmessung herstellen, müssen zur Erzielung der verlangten Empfindlichkeit und Genauigkeit ihrer Apparate vorzügliche Mitarbeiter tätig sein. Es mag nicht immer zu den Freuden des Leiters einer solchen Werkstatt gehören, wenn ein Forschungsinstitut schon wieder einmal mit dem Verlangen nach noch größerer Empfindlichkeit oder die Technik mit dem Wunsche nach ganz neuartigen Instrumenten hervortritt. Gerade dieses Handinhandgehen der Wünsche der Forschung mit dem steten Bemühen der Firmen, diese zu erfüllen, hat die Technik des Instrumentenbaues auf die Höhe gehoben, auf der sie sich anerkanntermaßen befindet.

Teils direkt, teils indirekt hat hierzu die Physikalisch-Technische Reichsanstalt in Charlottenburg dadurch beigetragen, daß sie die Eichung der Meßinstrumente übernahm und zu wesentlichen Fortschritten in der Konstruktion Anregung gab. Hierdurch würde in weitesten Kreisen der Wunsch rege, einwandfreie, geeichte Thermometer zu besitzen.

Um den gewaltigen Fortschritt, den die letzten Jahrzehnte in dieser Hinsicht gebracht haben, beurteilen zu können, braucht man sich nur zu vergegenwärtigen, mit welchen außerordentlichen Schwierigkeiten es für einen Forscher wie Regnault noch um die Mitte des vorigen Jahrhunderts verbunden war, genaue Temperaturbeobachtungen anzustellen. Demgegenüber ist es augenblicklich im allgemeinen stets möglich, das geeignete Meßinstrument aus den von den Firmen veröffentlichten Preisverzeichnissen auszuwählen und schon nach kurzer Zeit zu erhalten. Die theoretischen Grundlagen der Anwendung der einzelnen Apparate finden sich dabei in einer Anzahl von Lehrbüchern zusammengestellt, von denen auf das umfassende Buch von F. Henning: »Die Grundlagen, Methoden und Ergebnisse der Temperaturmessung«[1]) und dasjenige von W. Jäger: »Elektrische Meßtechnik«[2]) hingewiesen sein mag.

Bei dieser Sachlage könnte man der Meinung sein, daß es auch für den ganz Ungeübten keine Schwierigkeiten böte, Temperaturen richtig zu messen, wenn man ihm nur die Geldmittel zur Verfügung stellt, sich hinreichend genau messende Apparate anzuschaffen. Leider trifft diese Meinung aber nicht zu, weil es nicht nur auf die Genauigkeit der Meßgeräte an sich, sondern in gleicher Weise auf ihren richtigen Einbau ankommt. Nur wenn dieser so getroffen ist, daß das Instrument von der Meßstelle keine Wärme fort- oder zu ihr hinleitet, kann eine richtige Temperaturbestimmung gewährleistet werden. Die Gesetze der Wärmeübertragung sind daher auch in der Theorie der Temperaturmessung weitestgehend zu beachten.

Berücksichtigt man bei einem Körper, unbekümmert um seine sonstigen physikalischen und chemischen Eigenschaften,

---

[1]) Verlag von Friedr. Vieweg & Sohn, Braunschweig 1915.
[2]) Verlag von J. A. Barth, Leipzig. 2. Aufl. 1922.

nur die Temperatur seiner verschiedenen Stellen, so kann man aus der Temperaturverteilung, dem sog. »Temperaturfelde«, alle Erscheinungen der Wärmeströmung in dem Körper ebenso ableiten, wie wir dies bei den »elektrischen Ausgleichserscheinungen« aus dem »elektrischen Felde« gewohnt sind. — Im elektrischen Felde kommt jedem Punkte eine bestimmte elektrische Spannung zu, welche in allen Punkten eine Änderung erfährt, wenn auch nur an einer einzigen Stelle des Feldes eine Spannungsänderung etwa durch Herbeischaffen einer gewissen Elektrizitätsmenge erfolgt. In gleicher Weise hat auch im Temperaturfelde jeder Punkt seine genau bestimmte Temperatur, und zwangsläufig ändert sich im ganzen Felde die Temperaturverteilung, wenn irgendwo in ihm von einer Wärmequelle Wärme erzeugt und dadurch dort die Temperatur geändert wird. Ebenso wie es ferner im elektrischen Felde eines ganz bestimmten Spannungsabfalles bedarf, um eine gewisse Elektrizitätsmenge von einem Punkte nach einem anderen fließen zu machen, so muß auch im Temperaturfelde eine eindeutig bestimmte Temperaturdifferenz bestehen, um eine Wärmemenge gewisser Größe herbei- oder fortzuschaffen.

Jedes Flüssigkeitsthermometer, Thermoelement oder Widerstandsthermometer, welches zur Messung der Temperatur an eine bestimmte Stelle gebracht wird, stellt nun dort einen Fremdkörper im Temperaturfelde dar und stört dasselbe, wenn es der Meßstelle Wärme zu- oder von ihr abführt.[1] Die Wirkung dieser Störung kann die Meßgenauigkeit auf zwei verschiedene Arten beeinflussen.

Einerseits kann z. B. in einem festen Körper der Fall eintreten, daß das Meßinstrument die Temperatur der betreffenden Stelle zwar an sich ganz richtig anzeigt, jedoch gar nicht diejenige, welche wirklich verlangt wird, nämlich nicht die ursprüngliche, sondern die durch das Einbringen dauernd veränderte Temperatur.[2]

---

[1] Dieser Grundgedanke unseres Buches ist aus seiner im Jahre 1919 erschienenen 1. Auflage in das Buch von G. Keinath »Elektrische Temperaturmeßgeräte« (R. Oldenbourg, München und Berlin 1923) auf S. 51 übernommen worden.

[2] Das besonders Nachteilige dieses Sachverhaltes liegt in dem Umstand, daß durch die Temperaturmessung selbst gar nicht

Anderseits kann sich etwa in Gasen, die in einem Rohre strömen, infolge des teils durch Leitung, teils durch Strahlung bedingten Wärmeaustausches des Meßinstrumentes mit der Rohrwand eine merkliche Temperaturdifferenz zwischen dem Instrument und dem Gase an der Meßstelle ausbilden. Das Instrument nimmt also gar nicht die Temperatur des Gases an, und die bestehende Temperaturdifferenz zwischen beiden stellt den begangenen Meßfehler dar.

In ersterem Falle ist der Meßfehler bei gutem Wärmeübergange auf das Instrument durch die Störung des Temperaturfeldes, im zweiten Falle durch den schlechten Wärmeübergang von der Meßstelle auf das Instrument hervorgerufen.

Der günstigste Einbau des Thermometers wäre derjenige, bei dem überhaupt keine Wärme zu- oder abgeleitet wird. Falls sich dies nicht durch geeignete Maßnahmen erreichen läßt, kann der Meßfehler wenigstens dadurch vermindert werden, daß man den Wärmeaustausch zwischen Instrument und Meßstelle möglichst begünstigt.

Für den sachgemäßen Einbau der Meßgeräte ergeben sich also die beiden, für alle nur denkbaren Temperaturmessungen gültigen Regeln: Erstens muß die Wärme-Ab- oder Zufuhr durch das Meßinstrument entweder völlig verhindert oder, wo dies nicht möglich ist, tunlichst vermindert werden; zweitens muß der Wärmeaustausch zwischen Instrument und Meßstelle möglichst begünstigt werden.

Diese in der Praxis leider nur zu oft vernachlässigten Regeln erscheinen von vornherein selbstverständlich, wenn man den Gedanken beachtet, welcher der üblichen Art der Temperaturbestimmung zugrunde liegt. Dieser beruht ja darauf, daß man die unbekannte Temperatur einer Stelle dadurch mißt, daß man an sie einen Vergleichskörper (eben ein Thermometer) bringt, dessen durch die Temperatur bedingte Zustandsänderungen so genau bekannt sind, daß man umgekehrt aus seinem Zustande auf seine Temperatur schließen

die verursachte Änderung des Temperaturfeldes und daher auch nicht die Größe des Meßfehlers festgestellt werden kann, sondern daß es hierzu erst einer besonderen Untersuchung bedarf.

kann. Die Temperatur des Vergleichskörpers stimmt aber
natürlich mit der der Meßstelle nur dann überein, wenn letztere durch die Anwesenheit des Vergleichskörpers nicht verändert worden ist und außerdem der Vergleichskörper die
Temperatur der Meßstelle auch wirklich anzunehmen in der
Lage ist.

Diese Erkenntnis hebt die Temperaturmessung über den
Rahmen der einfachen Benutzung und Ablesung von Instrumenten weit hinaus und macht sie zu einer nicht ganz leicht
zu erlernenden Kunst. Bei dem Bestreben der Technik, die
Erzeugung und Verwertung der Wärme mit äußerster Wirt-
schaftlichkeit zu ermöglichen, und bei der Vermehrung der
wissenschaftlichen und technischen Probleme und deren Bearbeitung durch die in der Praxis stehenden Ingenieure kann
die Kunst der Temperaturmessung nicht mehr auf die Forschungslaboratorien beschränkt bleiben, sondern muß im weitesten Sinne Gemeingut aller Ingenieure und Chemiker werden.
Nur fehlerfreie Beobachtungen können Trugschlüsse und dadurch bedingte wirtschaftliche Schäden verhindern, sowie
einen gesicherten, erfolgreichen Erfahrungsaustausch ermöglichen und die Wissenschaft fördern.

Da nach dem Obigen die Verwendung guter Instrumente
allein zwar eine notwendige, aber noch keine hinreichende
Vorbedingung für richtige Messungen bildet, und der einwandfreie Einbau der Instrumente von außerordentlich verschiedenen Verhältnissen, im wesentlichen aber von den Gesetzen
der Wärmeübertragung bedingt wird, so seien der Anordnung
und Beschreibung der Meßinstrumente im II. und III. Teil
des Buches in einem I. Teile einige Bemerkungen über Temperaturverteilung und Wärmeaustausch vorangeschickt. Denn
von den durch Temperaturdifferenzen entstehenden Wärme-
strömungen ist ja zur Zeit in den Lehrstunden der Mittel-
und Hochschulen im allgemeinen nur in geringem Umfange
die Rede.

I. TEIL

Die Gesetze der Wärmeübertragung und deren Anwendung in der praktischen Thermometrie.

―――――

§ 1.   Die Gesetze der Wärmeübertragung.

Zur Beschreibung des Wärmedurchganges durch einen festen Körper, in welchem sich die Temperaturen zeitlich nicht ändern, hat man zwei physikalische Konstanten eingeführt:

1. die Wärmeleitzahl λ, welche für die Stärke des Wärmestromes innerhalb ein und desselben Körpers maßgebend ist;

2. die Wärmeübergangszahl α, welche für die Wärmemenge bestimmend ist, die von einem Körper auf einen anderen übergeht.

λ ist die in der Technik meistens in Kilo-Kalorien (kcal) gemessene Wärmemenge, welche in 1 Stunde in einem Würfel von 1 m Kantenlänge von einer Seitenfläche zur gegenüberliegenden Fläche fließt, wenn zwischen ihnen 1^0C Temperaturdifferenz[1]) besteht und die vier übrigen Seiten vor Wärmeverlusten völlig geschützt sind.

―――――

[1]) Von nicht sachverständiger Seite geht das Bestreben aus, den international eingeführten Begriff »Temperatur« durch das Wort »Wärmegrad« zu ersetzen. Von Seite der wissenschaftlichen Physik kann hiergegen nicht scharf genug Einspruch erhoben werden. Denn die Wärme ist eine Energiegröße, die nach kcal gemessen wird, und für welche die Temperatur nicht als Gradmesser benutzt werden kann. Noch verwirrender für die Köpfe der Laien und daher geradezu unheilvoll wirkt diese Bezeichnung Wärmegrad, wenn zur Abkürzung der zweite Teil des Wortes fortgelassen und die »Temperatur« eines Körpers kurz mit »Wärme« bezeichnet wird. Dieses Vorgehen ist völlig unverantwortlich, und es ist in hohem Maße zu bedauern, wenn selbst in den Veröffent-

α gibt in kcal die Wärmemenge an, welche von einem ersten Medium, etwa einem Gase oder einer Flüssigkeit, auf 1 qm eines anderen, etwa festen Körpers, oder umgekehrt in einer Stunde übertragen wird, wenn zwischen ihnen 1^0 Temperaturunterschied besteht.[1])

Bedeuten ϑ_1 und ϑ_2 die Temperaturen an den beiden Oberflächen einer Wand (s. Abb. 1) von δ m Dicke und F m² Fläche, so fließt, wenn seitlicher Abfluß von Wärme durch die Wand völlig verhindert und $\vartheta_1 > \vartheta_2$ ist, durch sie in 1 Stunde durch Leitung die Wärmemenge

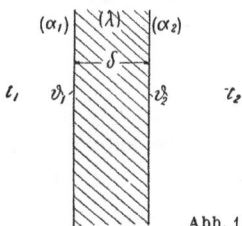

$$Q = \lambda F \frac{\vartheta_1 - \vartheta_2}{\delta} \text{ kcal} \ldots \ldots \ldots (1)$$

und es ergibt sich die Dimension von λ zu $\dfrac{\text{kcal}}{\text{m} \cdot \text{st} \cdot {}^0\text{C}}$.

Herrscht ferner zwischen dem oben angenommenen ersten Medium und der Oberfläche eines festen Körpers die Temperaturdifferenz $t - \vartheta$, so beträgt die durch Übergang von der Fläche F m² des letzteren in 1 Stunde aufgenommene oder abgegebene Wärmemenge

$$Q = \alpha F (t - \vartheta) \text{ kcal} \ldots \ldots \ldots (2)$$

und α besitzt daher die Dimension $\dfrac{\text{kcal}}{\text{m}^2 \cdot \text{st} \cdot {}^0\text{C}}$.

Vollzieht sich ein Wärmedurchgang von einem Gase oder einer Flüssigkeit durch einen festen Kör-

---

lichungen amtlicher Stellen diese Gewohnheit angenommen und in ein und demselben Satze wahllos das Wort »Wärme« bald für »Wärmemenge«, bald für »Temperatur« angewendet wird. Von Seite der Wissenschaft muß im Interesse der Allgemeinheit mit allen Mitteln hiergegen angekämpft werden. Der Wunsch, das Wort Temperatur zu beseitigen, erscheint um so weniger angebracht und verständlich, als erst vor kurzem durch das Deutsche Reichsgesetz vom 7. August 1924 die Skala der Temperatur festgelegt und somit das Wort Temperatur gesetzlich eingeführt worden ist.

[1]) Zur allgemeinen Orientierung sind in den am Ende des Buches angefügten Tafeln einige Zahlenwerte von λ und α zusammengestellt.

per hindurch zu einem anderen Gase oder einer
Flüssigkeit, so drückt man die in 1 Stunde hindurch-
strömende Wärme durch die Wärmedurchgangszahl k aus.
Hat dabei eine Wand die Fläche F m², so ist

$$Q = k\,F\,(t_1 - t_2) \quad \ldots \ldots \ldots \quad (3)$$

wenn t_1 und t_2 die Temperaturen des ersten und dritten Mediums bedeuten; darin ist k durch die Gleichung definiert

$$\frac{1}{k} = \frac{1}{a_1} + \frac{\delta}{\lambda} + \frac{1}{a_2} \quad \ldots \ldots \ldots \quad (3\,\mathrm{a})$$

wenn a_1 und a_2 die Wärmeübergangszahlen an den beiden
Oberflächen der Wand, δ ihre Dicke in m und λ die Wärmeleitzahl ihres Materiales bezeichnen.

Der in Gleichung (3a) angegebene Wert von k und die
physikalische Bedeutung dieser Größe ergibt sich einfach aus
folgender Überlegung. Die Wärmemenge Q läßt sich außer
durch Gleichung (3) auch nach den drei folgenden Gleichungen berechnen:

$$\left.\begin{array}{l} Q = a_1\,F\,(t_1 - \vartheta_1) \\[4pt] Q = \lambda\,F\,\dfrac{(\vartheta_1 - \vartheta_2)}{\delta} \\[4pt] Q = a_2\,F\,(\vartheta_2 - t_2) \end{array}\right\} \quad \ldots \ldots \quad (3\,\mathrm{b})$$

Aus ihnen folgt

$$\left.\begin{array}{l} Q \cdot \dfrac{1}{a_1} = F\,(t_1 - \vartheta_1) \\[6pt] Q \cdot \dfrac{\delta}{\lambda} = F\,(\vartheta_1 - \vartheta_2) \\[6pt] Q \cdot \dfrac{1}{a_2} = F\,(\vartheta_2 - t_2) \end{array}\right\} \quad \ldots \ldots \quad (3\,\mathrm{c})$$

und durch Addition heben sich auf der rechten Seite die
Temperaturen ϑ_1 und ϑ_2 fort, sodaß

$$Q \cdot \left(\frac{1}{a_1} + \frac{\delta}{\lambda} + \frac{1}{a_2} \right) = F\,(t_1 - t_2)$$

oder

$$Q = \frac{F\,(t_1 - t_2)}{\dfrac{1}{a_1} + \dfrac{\delta}{\lambda} + \dfrac{1}{a_2}} \cdot$$

Setzt man, wie oben, zur Abkürzung kurz

$$Q = k F (t_1 - t_2) \ldots \ldots \ldots (3)$$

so erhält man für die Größe k in der Tat die obige Definitionsgleichung (3a); ihre Dimension ist $\dfrac{\text{kcal}}{\text{m}^2 \cdot \text{st} \cdot {}^0\text{C}}$.

Die Gleichung (3) und in gleicher Weise die Gleichungen (3b) bringen die Tatsache zum Ausdruck, daß zum Hindurchströmen der Wärmemenge Q unter den gegebenen Verhältnissen notwendigerweise ein ganz bestimmter Wert der Temperaturdifferenz vorhanden sein muß. Dieser beträgt $(t_1 - \vartheta_1)$ für den Übergang an der Vorderseite der Wand, $(\vartheta_1 - \vartheta_2)$ für die Durchleitung durch die Wand, $(\vartheta_2 - t_2)$ für den Übergang an der Rückseite der Wand und daher endlich $(t_1 - t_2)$ für den Durchgang durch die Wand als Ganzes.

Ebenso wie beim elektrischen Strome eine ganz bestimmte Spannungsdifferenz für die Bewegung einer gewissen Elektrizitätsmenge erforderlich ist und bei Überwindung des elektrischen Leitungswiderstandes aufgebraucht wird, so kann man auch beim Wärmedurchgang unter dem Bilde des Stromes davon sprechen, daß die Temperaturdifferenz $(t_1 - t_2)$ dadurch aufgebraucht wird, daß der Wärmestrom die Summe der vorhandenen Einzelwiderstände überwinden muß. Unter diesem Bilde erhält die Definitionsgleichung für $\dfrac{1}{k}$ eine sehr anschauliche Deutung. Denn da k nach Gleichung (3) die Wärme bedeutet, die durch die Flächeneinheit der Wand in 1 Stunde hindurchströmt, wenn $t_1 - t_2 = 1^0$ ist, so hat k die Bedeutung einer Leitungsgröße und daher $\dfrac{1}{k}$ die einer Widerstandsgröße. Ebenso stellen $\dfrac{1}{a_1}$ und $\dfrac{1}{a_2}$ die Übergangswiderstände der Wärme beim Eintritt in die Wand und beim Austritt aus ihr dar und endlich $\dfrac{\delta}{\lambda}$ den Widerstand, welchen, die Wärme beim Durchgang durch die Wand zu überwinden hat. Somit ist $\dfrac{1}{k}$ nach Gleichung (3a) gleich der Summe der Einzelwiderstände, die sich dem Wärmestrom entgegensetzen, und man erkennt ferner aus den Gleichungen (3) und (3c),

daß analog wie beim elektrischen Strome der Spannungsabfall dem überwundenen Widerstande proportional ist, so
auch bei der Wärme die Temperatursenkungen in der Richtung
des Wärmestromes, nämlich $(t_1 - \vartheta_1)$, $(\vartheta_1 - \vartheta_2)$, $(\vartheta_2 - t_2)$,
$(t_1 - t_2)$ den überwundenen Widerständen $\dfrac{1}{a_1}$, $\dfrac{\delta}{\lambda}$, $\dfrac{1}{a_2}$, $\dfrac{1}{k}$
proportional sind.

Ist die betrachtete Wand nicht einheitlich, sondern aus
mehreren Stoffen von den Dicken δ_1, δ_2, ... und den
Wärmeleitzahlen λ_1, λ_2, ... zusammengesetzt, so ist der
Quotient $\dfrac{\delta}{\lambda}$ in Gleichung (3a) durch die Summe $\sum \dfrac{\delta}{\lambda}$ zu ersetzen, die über sämtliche die Wand zusammensetzende Stoffe
auszudehnen ist. Dann besitzt $\dfrac{1}{k}$ den Wert

$$\frac{1}{k} = \frac{1}{a_1} + \sum \frac{\delta}{\lambda} + \frac{1}{a_2} \quad . \quad . \quad . \quad . \quad . \quad (3\mathrm{d})$$

Findet endlich die Wärmeübertragung von einem
festen Körper durch ein Gas zu einem anderen festen
Körper statt, so geschieht sie innerhalb des Gases teils
durch Leitung und Strömung, teils durch Strahlung.[1] Die
letztere folgt für »vollkommen schwarze Körper«, das sind solche,
welche alle auf sie auftreffende Strahlung absorbieren, streng
und für die anderen in der Technik vorkommenden Körper
mit hinreichender Annäherung[2] dem Stefan-Boltzmannschen
Gesetze der Proportionalität mit der vierten Potenz der absoluten Temperatur.

Tauschen zwei absolut schwarze Flächen von der Größe
F m² während 1 Stunde die Wärmemenge Q_s kcal durch Strahlung aus, so berechnet sich diese nach jenem Gesetze zu

$$Q_s = \sigma F (T_1^4 - T_2^4) \quad . \quad . \quad . \quad . \quad . \quad . \quad (4)$$

---

[1] Die Schichtdicke des Gases sei nicht sehr groß und seine
Temperatur nicht sehr hoch angenommen, so daß die durch neuere
Versuche auch zahlenmäßig festgestellte Eigenstrahlung des Gases
vorläufig vernachlässigt werden kann.

[2] F. Wamsler, Forschungsarb. a. d. Gebiete des Ingenieurwesens 98/99 (1911) S. 1; Zeitschr. d. Ver. deutsch. Ing. 1911,
S. 599.

wenn T_1 und T_2 die absoluten Temperaturen dieser Flächen und $\sigma = 4,96 \cdot 10^{-8}$ die Strahlungszahl des vollkommen schwarzen Körpers ist.[1]) Da einerseits σ sehr klein ist, anderseits die 4. Potenzen der Temperaturen sehr große Zahlen sind, so führt man bequemer die Konstante $C = 10^8 \cdot \sigma = 4,96$ ein und erhält:

$$Q_s = C\,F\left[\left(\frac{T_1}{100}\right)^4 - \left(\frac{T_2}{100}\right)^4\right].$$

Sind die beiden Flächen nicht absolut schwarz, gehorcht ihre Strahlung aber doch dem Stefanschen Gesetz, so berechnet sich die durch Strahlung ausgetauschte Wärme zu[2])

$$Q_s = C'\,F\left[\left(\frac{T_1}{100}\right)^4 - \left(\frac{T_2}{100}\right)^4\right] \quad \ldots \ldots \text{(5)}$$

worin C' durch die Gleichung definiert ist:

$$\frac{1}{C'} = \frac{1}{C_1} + \frac{1}{C_2} - \frac{1}{C} \quad \ldots \ldots \text{(5a)}$$

Hierin bedeutet C, wie oben, die Strahlungszahl des absolut schwarzen Körpers und C_1, C_2 diejenige der beiden Flächen.[3])

---

[1]) Vgl. W. Gerlach, Zeitschr. f. Phys. 2 (1920) S. 76. — W. W. Coblentz, Scient. Pap. Bur. of Stand. 17 (1921) S. 7. — K. Hoffmann, Zeitschr. f. Phys. 14 (1923), S 301.

[2]) W. Nußelt, Gesundheits-Ingenieur 1918, S. 171, Fußnote (Besprechung eines Buches von M. Gerbel).

[3]) Die Strahlungszahlen einiger Körper sind in einer am Ende des Buches angefügten Zahlentafel zusammengestellt. — Die Strahlungszahlen der Körper stehen in enger Beziehung zu ihrem Absorptionsvermögen, da nach dem Kirchhoffschen Gesetze ein stark strahlender Körper auch ein stark absorbierender ist. Bezeichnet man mit dem Absorptionsvermögen A den Bruchteil der auffallenden Strahlungsenergie, den der Körper absorbiert, und mit dem Emissionsvermögen E die Strahlungsenergie, die seine Flächeneinheit in der Zeiteinheit aussendet, so besitzt nach dem Kirchhoffschen Gesetze der Bruch $\dfrac{E}{A}$ für alle Körper bei der gleichen Temperatur den nämlichen Wert. Sind a und e das Absorptions- und Emissionsvermögen des absolut schwarzen Körpers bei dieser Temperatur, so ist auch

$$\frac{E}{A} = \frac{e}{a} = e,$$

Falls ein Körper von der Oberfläche F_1 (die keine einspringenden Ecken besitzt), der Temperatur T_1 und der Strahlungskonstante C_1 von einem anderen mit den entsprechenden Werten F_2, T_2, C_2 vollkommen umschlossen ist, so beträgt nach Nußelt der Strahlungsaustausch in 1 Stunde

$$Q_s = C'' F_1 \left[\left(\frac{T_1}{100} \right)^4 - \left(\frac{T_2}{100} \right)^4 \right] \quad \ldots \ldots \quad (6)$$

wo sich C'' aus der Gleichung berechnet:

$$\frac{1}{C''} = \frac{1}{C_1} + \frac{F_1}{F_2} \left(\frac{1}{C_2} - \frac{1}{C} \right) \quad \ldots \ldots \quad (6a)$$

Über diesem Strahlungsaustausch zwischen den das Gas einschließenden festen Begrenzungswänden lagert sich noch eine von den einzelnen Gasteilchen ausgehende Strahlung, die bei großen Schichtdicken und bei hohen Temperaturen des Gases nicht vernachlässigt werden darf.[1-6]

Alle Vorgänge des Wärmeaustausches, die in einem Temperaturfelde durch das Einbringen eines Meßgerätes hervorgerufen werden können, lassen sich mit Hilfe der drei Größen: Wärmeleitzahl, Wärmeübergangszahl und Strahlungszahl beschreiben und rechnerisch verfolgen. Von den oben angeführten Gesetzen ist somit ständig Gebrauch zu machen, wenn das Instrument so eingebaut werden soll, daß es das

---

da für den vollkommen schwarzen Körper das Absorptionsvermögen $a = 1$ ist. Hieraus folgt

$$E = A e$$

und, da A stets ein echter Bruch ist, so ist $e > E$, d. h. der absolut schwarze Körper besitzt das größte Emissionsvermögen. Demgemäß gilt auch für die oben eingeführten Strahlungszahlen die Beziehung, daß C_1, C_2 und daher auch $C' < C$.

[1] W. Nußelt, Zeitschr. d. Ver. deutsch. Ing. 1923, S. 692, Forsch.-Arbeiten Heft Nr. 264 (1923). Z. d. V. d. I , 1926, S. 763.

[2] A. Schack und K. Rummel, Mitt. d. Wärmestelle Düsseldorf, Ver. deutsch. Eisenhüttenleute, Nr. 51 (1923).

[3] A. Schack; ebenda, Nr. 55 (1923). — Zeitschr. f. techn. Phys. 6 (1924) S. 267. — Zeitschr. d. Ver. deutsch. Ing. 1924, S. 1017.

[4] H. Lent und K. Thomas; Mitt. Wärmestelle Düsseldorf Nr. 65 (1924).

[5] V. Polak, Ver. deutsch. Eisenhüttenleute; Stahlwerksausschuß, Bericht 103.

[6] M. Moeller u. H. Schmick, Wiss. Veröff. aus d. Siemens-Konzern 4, 1 (1925) S. 239.

Temperaturfeld nicht durch Wärme-Ab- und -Zuleitung stört. Denn in diesem Falle würde, wie schon auf S. 3—4 ausgeführt wurde, das Instrument gar nicht diejenige Temperatur anzeigen, welche an der Meßstelle v o r seiner Anwesenheit geherrscht hat und welche doch bestimmt werden soll, oder es könnte, wie z. B. in strömenden Gasen, ein wesentlicher Unterschied zwischen der gesuchten Temperatur des Gases und der Temperaturangabe des Instrumentes bestehen.

Als Beispiele für die Nutzbarmachung der Gesetze der Wärmeübertragung für die sachgemäße Anordnung der Meßinstrumente seien in den drei folgenden Paragraphen einige bei technischen Temperaturmessungen häufiger vorkommende Fälle besprochen. In § 2 ist der Fall behandelt, daß die Temperatur eines Körpers an seiner Oberfläche bestimmt werden muß, ohne daß durch die Anbringung des Instrumentes die Temperaturverteilung im Körper verändert werden darf. In § 3 ist ein Meßgerät angenommen, das in einem heißen Gase einerseits von diesem durch Berührung Wärme aufnimmt, anderseits durch Abstrahlung an die kältere Rohrwand Wärme verliert und durch einen sog. Strahlungsschutz gegen diesen Verlust geschützt werden soll. In § 4 endlich ist der störende Einfluß der Wärmeableitung besprochen, den die Armaturen hervorrufen, die zur Befestigung der Thermometer verwandt werden.

Die Lösung solcher Aufgaben der Praxis läuft stets darauf hinaus, zunächst die oben mitgeteilten Gleichungen so miteinander zu verbinden, daß man aus ihnen die Temperaturverteilung in der Umgebung der Meßstelle berechnen kann. Aus den so erhaltenen Gleichungen ist dann zu entnehmen, welche Maßnahmen für den Einbau des Meßinstrumentes zu treffen sind, damit dieses die gewünschte Temperatur richtig anzeigt.

§ 2. Theoretische und zahlenmäßige Berechnung von Oberflächentemperaturen.

Oft ist die Messung der Oberflächentemperatur eines festen Körpers auszuführen. Ihr Zweck kann ein verschiedener sein. Erstens kann, wie bei Heizungs- und Kühlanlagen, die Temperatur einer Wand beliebiger Form und Zusammen-

setzung zu bestimmen sein, um daraus die durchströmende
Wärme zu berechnen. Zweitens kann, wie z. B. bei Rohrleitungen, welche von Flüssigkeiten durchströmt sind, die
Temperaturmessung auf der äußeren Oberfläche dazu benutzt
werden, um die Temperatur der Flüssigkeit selbst kennen zu
lernen. In allen solchen Fällen muß bei der Anbringung des
Meßgerätes dafür gesorgt werden, daß durch dieses die Temperaturverteilung im Körper nicht geändert wird.

Im folgenden Abschnitt A sollen aus den in § 1 angeführten Gleichungen der Wärmeübertragung die Formeln
für die Berechnung der Oberflächentemperaturen abgeleitet
werden. Im Abschnitt B sollen diese auf einige Fälle angewandt werden, die im II. Teile des Buches (§ 6) praktisch
verwirklicht sind.

A) Formeln zur Berechnung von Oberflächen-
temperaturen.

Die auf S. 8 angegebene Gleichung (3)

$$Q = k F (t_1 - t_2)$$

gibt die in 1 Stunde durch die Fläche F qm einer Wand
hindurchströmende Wärmemenge, wenn die beiden an die
Wand grenzenden Medien die Temperaturen t_1 und t_2 haben.
Der Wert der Wärmedurchgangszahl k ist mit Hilfe der Gleichung (3 a) oder (3 d) zu berechnen.

Ändert man bei unveränderlich gelassenem Werte von
$(t_1 - t_2)$ die Zusammensetzung oder die Oberflächenbeschaffen-
heit der Wand und somit auch die Größe k, so ändern sich
einerseits natürlich Q, andererseits aber gleichzeitig auch die
Temperaturverteilung innerhalb der Wand und somit die
Temperaturen an ihren Oberflächen. Denn nach dem
auf S. 10 Gesagten wird beim Wärmestrom zur Überwindung eines Widerstandes eine bestimmte, ihm proportionale
Temperaturdifferenz aufgebracht, und daher teilt sich die
im ganzen zur Verfügung stehende Differenz $(t_1 - t_2)$ (vgl.
Abb. 1 von S. 7) von selbst in solche Beträge $(t_1 - \vartheta_1)$,
$(\vartheta_1 - \vartheta_2)$, $(\vartheta_2 - t_2)$ auf, daß diese gerade hinreichen, um die
Wärmemenge Q der Gleichung (3) nacheinander durch alle
Widerstände hindurchströmen zu lassen.

sich aus der Beziehung, daß das Verhältnis der beiden Teile, in welche sich die Temperaturdifferenz $t_1 - t_2$ nunmehr teilt, nämlich

$$(t_1 - \vartheta_2) : (\vartheta_2 - t_2)$$

gleich dem Verhältnis der Widerstände ist, welche die Wärme von t_1 bis ϑ_2 und dann von ϑ_2 bis t_2 zu überwinden hat. Bezeichnet man mit $\sum \frac{\delta'}{\lambda'}$ die Summe der Quotienten von Dicke und Wärmeleitzahl der Schichten, die an der betreffenden Oberfläche auf das Thermoelement aufgelegt wurden, so ist dies Verhältnis:

$$\left(\frac{1}{a_1} + \sum \frac{\delta}{\lambda} \right) : \left(\sum \frac{\delta'}{\lambda'} + \frac{1}{a_2} \right).$$

Somit folgt

$$(t_1 - \vartheta_2) \left(\sum \frac{\delta'}{\lambda'} + \frac{1}{a_2} \right) = (\vartheta_2 - t_2) \left(\frac{1}{a_1} + \sum \frac{\delta}{\lambda} \right)$$

oder, wenn man wiederum der Einfachheit halber die Temperaturen von t_2 als Nullpunkt aus zählt und die Größe k' der Gleichung (7 a) einführt:

$$\vartheta_2 = \frac{k' \, t_1}{k' + k''} \quad \cdots \cdots \cdots \quad (8)$$

worin zur Abkürzung gesetzt ist

$$\frac{1}{k''} = \sum \frac{\delta'}{\lambda'} + \frac{1}{a_2} \quad \cdots \cdots \cdots \quad (8\,a)$$

Die Gleichung (8) läßt erkennen, in welcher Weise die Oberflächentemperatur ϑ_2 beeinflußt wird, wenn wärmeisolierende Stoffe auf die Meßstelle aufgebracht werden. Auch hier ist, ebenso wie bei Gleichung (7), der Einfluß desto größer, je kleiner k' ist, je größere Leitungswiderstände also nach Gleichung (7 a) die Wärme zu überwinden hat, um von der Vorderfläche zur Hinterseite der Wand zu gelangen. — Außerdem erkennt man leicht, daß bei dieser Veränderung der Oberfläche deren Temperatur ϑ_2 immer etwas zu hoch gemessen wird.

B) Beispiele zur Berechnung von Oberflächentemperaturen.

Die Gleichungen (7) und (8) lassen berechnen, welchen Einfluß eine durch das aufgelegte Meßinstrument bedingte

Veränderung der Wärmeübertragung an der betreffenden Oberfläche der betrachteten Wand auf die daselbst herrschende Übertemperatur ϑ_2 besitzt. Sie sollen nunmehr zur zahlenmäßigen Auswertung von Oberflächentemperaturen in einigen Fällen benutzt werden, welche bei den im II. Teile des Buches beschriebenen Ausführungsformen der Temperatur-bestimmung vorliegen. In den Beispielen 1a, 1b sind die Oberflächentemperaturen eines Metalles (Eisen), in 2a, 2b die eines schlecht leitenden Isoliermittels (Kieselgurformstein) berechnet, und zwar in 1a und 2a für eine kleinere, in 1b und 2b für eine größere Wärmeübergangszahl a_1. In allen Beispielen ist die Änderung der Übertemperatur ϑ_2 der Oberfläche über die des angrenzenden Mediums t_2 bestimmt, und zwar α) wenn die Wärmeübergangszahl a_2 vom Werte 10 auf 7 vermindert wird, β) wenn auf die Meßstelle zur Befestigung eines Thermoelementes dünne Materialschichten aufgelegt werden.

In diesen Berechnungen bedeutet, wie schon oben erwähnt, auch t_1 nicht die Temperatur in ⁰ C, sondern die Übertemperatur über t_2.

Fall 1. Messung auf metallischen Flächen.

a) Kleine Wärmeübergangszahl auf der warmen Seite.

Eine Wand aus Eisen von 6 mm Stärke und der Wärmeleitzahl $\lambda = 60\ \dfrac{\mathrm{kcal}}{\mathrm{m \cdot st \cdot {}^0C}}$ grenze an zwei Medien von nicht sehr verschiedenen Wärmeübergangszahlen. Auf der einen Seite befinde sich strömende Luft oder überhitzter Dampf mit der Wärmeübergangszahl $a_1 = 25$, auf der anderen Seite Luft mit natürlicher Konvektion und der Übergangszahl $a_2 = 10$. Alsdann ist nach Gleichung (7a)

$$\frac{1}{k'} = \frac{1}{25} + \frac{0,006}{60} = 0,04 + 0,0001 \text{ und } k' = 24,94.$$

Damit diese eiserne Wand auf ihrer kälteren Seite eine gewisse Übertemperatur ϑ_2, etwa 100⁰, besitzt, muß t_1 einen ganz bestimmten Wert haben, der sich aus der Gleichung (7) berechnet zu

$$t_1 = \frac{(k' + a_2)\,\vartheta_2}{k'} \quad \ldots \ldots \quad (9)$$

Somit folgt

$$t_1 = \frac{(24{,}94 + 10) \cdot 100}{24{,}94} = 140{,}1^0.$$

Bei unverändertem $t_1 = 140{,}1^0$ nehmen wir nun an der kalten Oberfläche der Wand zwei Änderungen vor:

a) Wir machen $a_2 = 7$, was z. B. durch Polieren der Oberfläche erreicht werden kann (vgl. S. 26). Alsdann erhält die Temperatur dieser Fläche nach Gleichung (7) den Wert

$$\vartheta_2 = \frac{24{,}94 \cdot 140{,}1}{24{,}94 + 7{,}0} = 109{,}3^0.$$

Durch Änderung des a_2 von 10 auf 7 ist also die Übertemperatur ϑ_2 von 100^0 auf $109{,}3^0$ gestiegen.

β) Wir legen an die Eisenwand, etwa zur Befestigung eines Thermoelementes, eine 0,5 mm dicke Asbestschicht von der Wärmeleitzahl $\lambda = 0{,}20$ und darauf eine 0,2 mm starke Eisenblechscheibe von der ursprünglichen Rauhigkeit der Wand; alsdann nimmt die Wärmeübergangszahl a_2, welche durch das Anlegen des Asbestes verändert werden würde, wieder den ursprünglichen Wert $a_2 = 10$ an.

Die Übertemperatur ϑ_2 der Oberfläche berechnet sich dann aus der Gleichung (8) und (8a), in denen

$$\frac{1}{k''} = \frac{\delta_{\text{Asbest}}}{\lambda_{\text{Asbest}}} + \frac{\delta_{\text{Eisen}}}{\lambda_{\text{Eisen}}} + \frac{1}{a_2} = \frac{0{,}0005}{0{,}20} + \frac{0{,}0002}{60} + \frac{1}{10} = 0{,}1025.$$

Es folgt $k'' = 9{,}756$, und daher aus Gleichung (8)

$$\vartheta_2 = \frac{24{,}94 \cdot 140{,}1}{24{,}94 + 9{,}756} = 100{,}7^0.$$

Der wärme-isolierende Einfluß der Asbestpappe auf den Wert von ϑ_2 ist somit bei unveränderlich gehaltenem Werte von a_2 wesentlich geringer wie derjenige der Veränderung von a_2. Von diesem Ergebnis wird später (S. 64) Gebrauch gemacht werden.

b) Große Wärmeübergangszahl auf der warmen Seite.

Im Falle 1a waren die Wärmeübergangszahlen a_1 und a_2, also die an den beiden Oberflächen der Eisenplatte zu überwindenden Übergangswiderstände voneinander nicht sehr verschieden. Nunmehr soll auf der wärmeren Seite Wasser mit der Übergangszahl $a_1 = 1000$, also einem sehr geringen Übergangswiderstande angenommen werden, und es sollen wiederum die Werte von ϑ_2 berechnet werden, die sich bei den obigen Veränderungen a) und β) auf der kälteren Oberfläche einstellen. Im ursprünglichen Zustande soll auch wieder die Übertemperatur $\vartheta_2 = 100^0$ sein.

Dann folgt nach Gleichung (7a):

$$\frac{1}{k'} = \frac{1}{1000} + \frac{0,006}{60} = 0,0011.$$
$$k' = 909,1.$$

Aus Gleichung (9) berechnet sich:

$$t_1 = \frac{(k' + a_2)\,\vartheta_2}{k'} = \frac{(909,1 + 10)\,100}{909,1} = 101,1^0.$$

Veränderung a). Für $a_2 = 7$ ist nach Gleichung (7)

$$\vartheta_2 = \frac{909,1 \cdot 101,1}{909,1 + 7} = 100,3^0.$$

Veränderung β).

Nach Gleichung (8) ist

$$\vartheta_2 = \frac{k' \cdot t_1}{k' + k''} = \frac{909,1 \cdot 101,1}{909,1 + 9,756} = 100,03^0.$$

Wie im Falle 1a ist der Einfluß der Veränderung β) kleiner als der von a). Außerdem ersehen wir aus der Berechnung, daß die Änderungen der Übertemperatur ϑ_2 klein und sogar unter Umständen vernachlässigbar klein werden, wenn der Wärmeübergangswiderstand der anderen Seite sehr klein ist. Dies gilt für eine Wand, welche von Wasser oder gesättigtem Dampf bespült wird.

Fall 2. Messung auf wärme-isolierenden Flächen.

a) Kleine Wärmeübergangszahl auf der warmen Seite.

Die für die Fälle 1a und 1b angestellten Berechnungen gelten hauptsächlich für Metalle, bei denen der Leitungswiderstand gering ist gegenüber den beiden Übergangswiderständen und daher der Gesamtwiderstand in erster Linie durch die Übergangswiderstände bedingt wird.

Wir nehmen nunmehr eine Wand aus einem Wärmeisolator, also von großem Leitungswiderstande an. Die Eisenwand möge mit 12 cm starken Kieselgurformsteinen von der Wärmeleitzahl $\lambda = 0,06$ isoliert sein. Es seien ferner $a_1 = 25$, $a_2 = 10$, und ferner sei t_1 so gewählt, daß die Übertemperatur $\vartheta_2 = 10^0$ C ist.

Alsdann ist nach Gleichung (7a)

$$\frac{1}{k'} = \frac{1}{25} + \frac{0,006}{60} + \frac{0,12}{0,06} = 2,040$$

$$k' = 0,4902$$

und nach Gleichung (9)

$$t_1 = \frac{(0,4902 + 10) \cdot 10}{0,4902} = 214,0^0.$$

Veränderung α). Für $a_2 = 7$ ist nach Gleichung (7)

$$\vartheta_2 = \frac{0,4902 \cdot 214,0}{0,4902 + 7} = 14,0^0.$$

Veränderung β). Man denke sich nunmehr, wiederum etwa zur Befestigung eines Thermoelementes auf dem Formsteine, eine 1 mm dicke Kupferplatte (Wärmeleitzahl $\lambda = 300$) und darauf eine 0,5 mm dicke Lage aus Kieselgur ($\lambda = 0,05$) aufgebracht, so daß die Größe a_2 wieder den ursprünglichen Wert $a_2 = 10$ erhält. Alsdann wird nach Gleichung (8a)

$$\frac{1}{k''} = \frac{0,001}{300} + \frac{0,0005}{0,05} + \frac{1}{10} = 0,11.$$

$$k'' = 9,091.$$

Nach Gleichung (8) berechnet sich

$$\vartheta_2 = \frac{0,4902 \cdot 214,0}{0,4902 + 9,091} = 10,95^0.$$

b) Große Wärmeübergangszahl auf der warmen Seite.

Wir nehmen wie im Falle 1b an, daß die Eisenwand von Wasser bespült wird, so daß $a_1 = 1000$. Dann ergibt sich

$$\frac{1}{k'} = \frac{1}{1000} + \frac{0,006}{60} + \frac{0,12}{0,06} = 2,001$$

$$k' = 0,4997.$$

Für $\vartheta_2 = 10^0$ folgt aus Gleichung (9):

$$t_1 = \frac{(0,4997 + 10) \cdot 10}{0,4997} = 210,1^0.$$

Veränderung α). Für $a_2 = 7$ ist nach Gleichung (7)

$$\vartheta_2 = \frac{0,4997 \cdot 210,1}{0,4997 + 7} = 14,0^0.$$

Veränderung β). Es ist $k'' = 9,091$ wie im Falle 2a und daher nach Gleichung (8)

$$\vartheta_2 = \frac{0,4997 \cdot 210,1}{0,4997 + 9,091} = 10,94^0.$$

Man erkennt aus den Durchrechnungen der Fälle 2a und 2b, daß die Wirkung der Oberflächenveränderung oder der Abdeckung auf die Oberflächentemperatur der Isoliermaterialien je eine prozentual viel stärkere ist als bei gut leitenden Metallen, gleichviel ob der Wärmeübergang auf der anderen Seite gut oder schlecht ist.

Die in den vier betrachteten Fällen berechneten Änderungen der Übertemperatur ϑ_2 der Oberfläche sind Höchstwerte, welche sich in der praktischen Ausführung deshalb nicht einstellen werden, weil bei dieser die auf S. 15 gemachte Annahme nicht zutrifft, daß die lokale Temperaturerhöhung, welche durch die Veränderungen α) und β) hervorgerufen wird, sich nicht mit den angrenzenden Teilen der Wand ausgleicht. Im praktischen Falle wird vielmehr die durch die Abdeckung an der betreffenden Stelle zurückgehaltene Wärme infolge der Temperaturerhöhung zum Teil seitlich abströmen und die Temperatur daher im Dauerzustande nicht so hoch werden, als sie berechnet wurde. Die Zahlen sollen nicht dem absoluten Werte nach eingeschätzt werden, sondern nur gemäß ihrem relativen Betrage im Vergleich zueinander. Über die aus ihnen zu ziehenden Folgerungen wird bei der Messung von Oberflächentemperaturen im II. Teile, § 6, noch eingehender gesprochen werden.

§ 3. Berechnung des bei Temperaturmessungen durch Abstrahlung des Meßinstrumentes bedingten Fehlers und seine Beseitigung durch einen Strahlungsschutz.

Beträchtliche Fehler können bei der Messung der Temperatur eines heißen Gasstromes (z. B. der Abgase einer Feuerung) in einem kalten Rohre dadurch entstehen, daß das Meßinstrument Wärme durch Strahlung oder Leitung an die kältere Umgebung abgibt.[1]) Diese Verluste erniedrigen die Temperatur des Meßgerätes unter Umständen stark und sind daher nach Möglichkeit zu verhindern. Der folgende § 4 behandelt die durch Wärme - Ableitung entstehenden Meßfehler. Die nachstehenden Überlegungen, welche zur Berechnung und Beseitigung des durch die Abstrahlung hervorgerufenen Fehlers führen, sind in die folgenden drei Abschnitte zerlegt:

A. Es ist zunächst die Gleichung für die Berechnung dieses Fehlers abgeleitet, welche dessen Abhängigkeit von den einzelnen maßgebenden Größen erkennen läßt.

B. Es ist die Theorie des Strahlungsschutzes entwickelt.

C. Die in A. und B. angegebenen Gleichungen sind zur zahlenmäßigen Auswertung des Meßfehlers in einigen praktischen Fällen benutzt.

Am Ende des Abschnittes C. sind nochmals übersichtlich diejenigen Gesichtspunkte zusammengestellt, durch deren Berücksichtigung der durch den Strahlungsverlust bedingte Meßfehler auf einen zulässigen Betrag herabgemindert werden kann.

A) Die Gleichungen des Meßfehlers.

Das Gas möge in dem der Betrachtung zugrunde gelegten Falle schon so lange Zeit durch das Rohr hindurchströmen, daß der Beharrungszustand der Temperaturverteilung eingetreten ist, in welchem sich die Temperatur der einzelnen Punkte mit der Zeit nicht mehr ändert. Alsdann möge (Abb. 2) t_g die

---

[1]) Alle Überlegungen und Berechnungen, die im vorliegenden Buche so durchgeführt worden sind, daß die Temperatur des zu messenden Körpers höher als die der Umgebung angenommen wurde, gelten in sinngemäßer Übertragung auch für den Fall, daß der Körper kälter ist als seine Umgebung.

Temperatur des Gases, t' die des Meßinstrumentes, t_w die der Rohrwand und t_a die der Außenluft bedeuten. In absoluter Zählung seien diese Temperaturen mit T_g, T', T_w und T_a bezeichnet.

In einem Eisenrohre a von der lichten Weite D sei axial ein Thermometer oder Thermoelement eingesetzt, das auch von einem durch die Rohrwand geführten, am inneren Ende geschlossenen Rohre b umgeben sein kann. a_i, a' und a_a seien die Wärmeübergangszahlen vom Gasstrom an die Rohrwand, vom Gasstrom an das Meßinstrument (oder Thermometerrohr) und von der äußeren Rohrwand an die umgebende Luft. Das Gas ströme mit der Geschwindigkeit w m/sec. Endlich seien C_1, C_2 und C die Strahlungszahlen des Meßinstrumentes (oder Thermometerrohres), der Rohrwand und des vollkommen schwarzen Körpers.

Abb. 2.

Da sich im angenommenen Beharrungszustande alle Temperaturen mit der Zeit nicht mehr ändern, so ist dieser Gleichgewichtszustand dadurch gekennzeichnet, daß jeder Bestandteil der Anordnung von anderen wärmeren Teilen ebensoviel Wärme aufnimmt, als er an kältere Teile abgibt.

So empfängt das Meßinstrument (oder Thermometerrohr) vom heißen Gasstrom Wärme und überträgt sie teils durch Strahlung, teils durch Leitung an die Rohrwand. Das Meßinstrument sei zylindrisch von der Länge l und dem Durchmesser d angenommen. Seine Oberfläche ist daher

$$F_1 = d \cdot \pi \cdot l$$

und die in der Zeiteinheit aufgenommene Wärme nach Gleichung (2)

$$Q' = a' F_1 (t_g - t').$$

Vernachlässigen wir nun zunächst die vom Meßinstrument durch L e i t u n g an die Rohrwand abgegebene Wärme (vgl. über diese den folgenden § 4), um nur die Größenordnung des

Einflusses der Strahlung festzustellen, so ist $\dot{Q}'$ anderseits nach der Formel (6) zu berechnen:

$$Q' = C'' F_1 \left[\left(\frac{T'}{100} \right)^4 - \left(\frac{T_w}{100} \right)^4 \right],$$

worin

$$\frac{1}{C''} = \frac{1}{C_1} + \frac{F_1}{F_2} \left(\frac{1}{C_2} - \frac{1}{C} \right) \quad \ldots \ldots (6a)$$

F_2 bedeutet hierin denjenigen Teil der Rohrwand, mit dem sich das Meßinstrument im Strahlungsaustausch befindet. Da F_2 sehr viel größer ist als F_1, so kann der Quotient $\dfrac{F_1}{F_2}$ = Null gesetzt werden. Dann ist angenähert ($\sim$)

$$C'' \sim C_1$$

und

$$Q' = C_1 F_1 \left[\left(\frac{T'}{100} \right)^4 - \left(\frac{T_w}{100} \right)^4 \right].$$

Durch Gleichsetzen der beiden Ausdrücke von Q' erhält man

$$t_g - t' = \frac{C_1}{\alpha'} \left[\left(\frac{T'}{100} \right)^4 - \left(\frac{T_w}{100} \right)^4 \right] \quad \ldots \ldots (10)$$

Die Differenz $(t_g - t')$ zwischen den Temperaturen des Gases und des Meßinstrumentes gibt gerade den Fehler an, den man bei der Temperaturmessung begeht.

Von den in dieser Gleichung auftretenden Größen sind die Wärmeübergangszahl α' des Gases an das Instrument und die Strahlungskonstante des letzteren aus vorhandenen Versuchszahlen zu entnehmen (vgl. die Zahlentafeln am Ende des Buches). t' oder T' ist die abgelesene Temperatur des Meßgerätes.

Zur Berechnung der Meßfehler $(t_g - t')$ und auch der Gastemperatur t_g muß außerdem die Rohrwandtemperatur T_w bekannt sein. — Wird diese nicht direkt experimentell bestimmt, so kann sie auch berechnet werden unter Berücksichtigung des Umstandes, daß im Beharrungszustande vom warmen Gasstrom auf die Länge L der Rohrwand in der Zeiteinheit soviel Wärme übergeht, als von ihrer Außenfläche an die kältere Außenluft abgegeben wird. Nimmt man an, daß die Dicke der Rohrwand vernachlässigt werden kann,

und daß sie in ihrer ganzen Dicke die gleiche Temperatur t_w hat, so berechnet sich diese Wärme[1]) nach der Formel (2) sowohl zu
$$Q = a_i \, D \, \pi \, L \, (t_g - t_w),$$
als zu
$$Q = a_a \, D \, \pi \, L \, (t_w - t_a).$$

Durch Gleichsetzen dieser Werte kann man die Wandtemperatur berechnen:

$$t_w = \frac{a_i \, t_g + a_a \, t_a}{a_a + a_i} \quad \ldots \ldots \quad (11)$$

Die Größe T_w der Gleichung (10) ist gleich dem um 273 vermehrten Werte t_w der Gleichung (11). Durch eine Näherungsrechnung erhält man aus diesen beiden Gleichungen $(t_g - t')$ oder t_g, indem man zunächst einen geschätzten Wert von t_g in (11) einsetzt, und darauf t_w berechnet. Diesen Wert führt man in (10) ein und rechnet aus dieser Gleichung t_g aus. — Falls der so erhaltene Wert von t_g nicht mit dem vorher schätzungsweise angenommenen übereinstimmt, so geht man mit diesem neuen Wert wiederum in (11) ein und wiederholt den Rechnungsvorgang so oft, bis der in (11) schätzungsweise eingesetzte Wert von t_g mit dem aus (10) berechneten entweder vollkommen oder mit genügender Annäherung übereinstimmt.

Aus der Gleichung (10) ist unmittelbar zu ersehen, durch welche Maßnahmen der Meßfehler verkleinert werden kann.

1. Er ist desto kleiner, je kleiner die Strahlungskonstante C_1 des Meßinstrumentes ist. Nun ist diese Konstante bei glatten Oberflächen kleiner als bei rauhen, z. B. 0,20 bei poliertem Kupfer, dagegen 4,06 bei stark oxydiertem Stahlblech.[2]) Somit empfiehlt es sich, dem Meßinstrument oder Thermometerrohr eine blanke Oberfläche zu geben.

2. Der Meßfehler ist desto kleiner, je größer die Wärmeübergangszahl a' ist. — Dies entspricht der schon oben auf S. 4 angegebenen Regel, daß der Wärmeübergang auf das Meßinstrument möglichst begünstigt werden soll. — Erfahrungsgemäß wächst die Wärmeübergangszahl mit zunehmender

---

[1]) Unter Vernachlässigung des geringen von b zugestrahlten Betrages.

[2]) E. Schmidt; erscheint demnächst in den Beiheften zum Gesundheitsingenieur.

Gasgeschwindigkeit, welche Tatsache z. B. bei dem sog. Absaugepyrometer praktisch verwertet wird (vgl. S. 104). — Außerdem wächst a' mit abnehmendem Durchmesser des Meßgerätes, so daß möglichst d ü n n e Meßgeräte zu verwenden sind.

3. Endlich ist der Fehler desto kleiner, je kleiner die Temperaturdifferenz zwischen Gas und Rohrwand ist. Er ist also bei großer Gasgeschwindigkeit kleiner als bei geringer, weil bei ersterer der Wärmeübergang vom Gas auf die Rohrwand besser und daher jene Temperaturdifferenz kleiner ist. — Eine Verminderung des Fehlers ist auch dadurch zu erzielen, daß man das Rohr an der Meßstelle äußerlich mit einem Wärmeschutzmittel isoliert, weil hierdurch der Temperaturunterschied zwischen Wand und Gas verkleinert wird.[1]

Eine wesentliche Minderung des durch die Abstrahlung bedingten Meßfehlers kann anch durch Anbringen eines sog. »Strahlungsschutzes« erzielt werden, falls sich ein solcher in einem technischen Betriebe einbauen läßt.

B) Die Theorie des Strahlungsschutzes.

Legt man koaxial um das Meßinstrument einen zylindrischen Strahlungsschutz S (Abb. 3), etwa aus einem Metallblech, so nimmt dieser eine zwischen t_g und t_w liegende Temperatur t_s an. Die Wirkung des Strahlungsschutzes läuft also darauf hinaus, daß der Strahlungsaustausch des Meßgerätes nicht mit der Rohrwand von der Temperatur t_w, sondern mit dem höher temperierten Strahlungsschutz stattfindet.

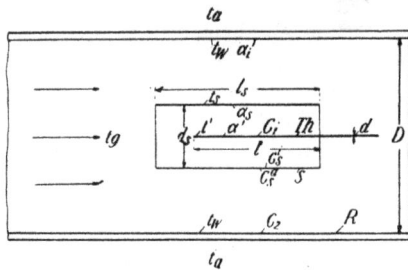

Abb. 3.

Als Meßinstrument möge sich in der Achse des in dem Eisenrohre R strömenden heißen Gases die Lötstelle eines

---

[1] Über die praktische Verwertung dieses Gedankens vgl. S. 82 ff.

Thermoelementes Th befinden, welches Wärme einerseits aus dem Gas durch Leitung, Konvektion und vielleicht auch durch Strahlung aufnimmt, anderseits an die kühlere Rohrwand abstrahlt; dabei sei, wie bereits oben angenommen, von der Wärme-Ableitung durch das Instrument und seine Armatur zunächst abgesehen.

Es seien α', α_s und α_i die Wärmeübergangszahlen vom Gase an das Thermoelement Th, an den Strahlungsschutz S und an die Rohrwand R, ferner mögen C_1 und $C_s{}^i$ die Strahlungszahlen des Elementes und der inneren Fläche des Schutzrohres S, d und d_s ihre Durchmesser und endlich l und l_s ihre Längen bezeichnen. Wir berechnen dann

a) den Strahlungsverlust des Elementes Th,

b) denjenigen des Strahlungsschutzes S.

a) Durch Gleichsetzen der vom Elemente aufgenommenen und abgegebenen Wärme[1]) folgt nach Gleichung (2) und (6) die Beziehung

$$\alpha' d \cdot \pi l\,(t_g - t') = C_0'' d \cdot \pi l \left[\left(\frac{T'}{100}\right)^4 - \left(\frac{T_s}{100}\right)^4\right] \quad . \ (12)$$

Hierin ist C_0'' nach Gleichung (6a)

$$\frac{1}{C_0''} = \frac{1}{C_1} + \frac{F_1}{F_s{}^i}\left(\frac{1}{C_s{}^i} - \frac{1}{C}\right) . \ . \ . \ . \ . \ (12a)$$

wo F_1 und $F_s{}^i$ diejenigen Oberflächenteile des Elementes und Strahlungsschutzes bedeuten, welche im Strahlungsaustausch miteinander stehen.

Da $\dfrac{F_1}{F_s{}^i}$ meist ein sehr kleiner Bruch ist, kann $C_0'' \sim C_1$ gesetzt werden. — Der Einfluß des Wertes von $C_s{}^i$ tritt also zurück gegenüber dem von C_1.

Die zur Berechnung des Meßfehlers $(t_g - t')$ dienende Gleichung (12) erhält die Form:

$$t_g - t' = \frac{C_1}{\alpha'}\left[\left(\frac{T'}{100}\right)^4 - \left(\frac{T_s}{100}\right)^4\right] \quad . \ . \ . \ . \ (13)$$

---

[1]) Vernachlässigt ist dabei der durch die vordere und hintere Öffnung von S stattfindende Strahlungsaustausch des Elementes Th mit der Rohroberfläche R. Denn dem Schutzrohre S kann stets eine solche Ausdehnung gegeben werden, daß dieser Strahlungsaustausch nur sehr gering ist.

b) Zur zahlenmäßigen Verwertung von Gleichung (13) bedarf man noch der Kenntnis der Temperatur T_s des Strahlungsschutzes. Diese ergibt sich aus der Betrachtung des Wärmeaustausches zwischen Thermoelement, Gas und Strahlungsschutz einerseits und zwischen diesem und der Rohrwand anderseits. Es seien noch mit $C_s{}^a$ und C_2 die Strahlungszahlen der äußeren Oberfläche des Strahlungsschutzes S und der Rohroberfläche R bezeichnet. $F_s{}^a$ bedeute die äußere Fläche von S, F_2 die Innenfläche des Eisenrohres.

Da die von S aufgenommene Wärme gleich der Summe der vom Element zugestrahlten und der vom Gase an die innere und äußere Oberfläche von S übertragenen Wärme ist, so ergibt sich die Gleichung

$$C_0'' d \cdot \pi l \left[\left(\frac{T'}{100} \right)^4 - \left(\frac{T_s}{100} \right)^4 \right] + 2 a_s d_s \pi l_s (t_g - t_s) =$$
$$= C_1'' d_s \pi l_s \left[\left(\frac{T_s}{100} \right)^4 - \left(\frac{T_w}{100} \right)^4 \right] \quad (14)$$

worin

$$\frac{1}{C_1''} = \frac{1}{C_s{}^a} + \frac{F_s{}^a}{F_2} \left(\frac{1}{C_2} - \frac{1}{C} \right) \quad \ldots \ldots (14\,a)$$

Da $\dfrac{F_s{}^a}{F_2}$ meist sehr klein ist, so kann auch hier $C_1'' \sim C_s{}^a$ gesetzt werden.

Für den ersten Ausdruck der linken Seite der Gleichung (14) kann man nach Gleichung (12) auch $a'\, d \cdot \pi l (t_g - t')$ einsetzen und erhält dann[1])

$$a'\, d \cdot \pi l (t_g - t') + 2 a_s d_s \pi l_s (t_g - t_s)$$
$$= C_s{}^a d_s \pi l_s \left[\left(\frac{T_s}{100} \right)^4 - \left(\frac{T_w}{100} \right)^4 \right] \quad (15)$$

In Gleichung (15) kann das Glied $a'\, d \cdot \pi l (t_g - t')$ gegenüber dem wesentlich größeren Ausdrucke $2 a_s d_s \pi l_s (t_g - t_s)$

---

[1]) Dieser Ansatz gilt unter der vereinfachenden Voraussetzung, daß die Innenseite des Schutzrohres S nicht mit der Rohrwand R in Strahlungsaustausch treten kann. Diese Annahme ist berechtigt, wenn bei der praktischen Ausführung die Öffnungsflächen des Strahlungsschutzes im Vergleiche zu seiner Gesamtfläche klein gemacht werden.

vernachlässigt werden.[1]) Die zur Berechnung von T_s zu ver-
wendende Gleichung nimmt daher die Form an:

$$(t_g - t_s) = \frac{C_s{}^a}{2\,a_s}\left[\left(\frac{T_s}{100}\right)^4 - \left(\frac{T_w}{100}\right)^4\right] \quad \ldots \ldots (16)$$

Zur Berechnung der Temperatur T_w dient wie im Abschnitt A die Gleichung (11), so daß zur Auswertung des Meßfehlers der Reihe nach die Gleichungen (11), (16) und schließlich (13) zu benutzen sind.

Der Vergleich der Gleichungen (10) und (13), welche den
Meßfehler »ohne« und »mit« Strahlungsschutz berechnen lassen,
zeigt, daß er im zweiten Falle kleiner ist, da die niedrigere
Temperatur T_w der Wand durch die höhere Temperatur T_s
des Strahlungsschutzes ersetzt ist. Die auf S. 26 aus Gleichung
(10) gezogenen Folgerungen bezüglich des Einflusses der Strahlungskonstante C_1 des Meßinstrumentes und der Wärmeübergangszahl a' vom Gas an dieses bleiben bestehen. Außerdem
soll nach Gleichung (13) T_s möglichst groß sein.[2]) Die Bedingungen hierfür sind aus Gleichung (16) analog wie auf
S. 26 abzuleiten. Es folgt, daß $C_s{}^a$ klein, a_s und T_w groß sein
sollen. — Man erkennt übrigens aus den Gleichungen (12a)
und (12), daß auch ein kleiner Wert von $C_s{}^i$ für einen kleinen
Meßfehler günstig ist.

Über das Material und die Wandstärke des Strahlungsschutzes sind zunächst noch keine Annahmen gemacht. Aus
Platzmangel wird man vielfach ein dünnes Metallblech nehmen,
das nach dem soeben Gesagten an seiner Oberfläche eine
kleine Strahlungszahl haben soll.

Ebenso wie jedoch aus der Gleichung (10) für den Strah-
lungsmeßfehler o h n e Strahlungsschutz auf S. 27 die praktische Folgerung zu ziehen war, daß sich dieser dadurch vermindern läßt, daß man das Rohr an der Meßstelle außen mit
einem Wärmeschutzstoff belegt und dadurch die Temperatur
T_w der Rohrwand erhöht, kann man gemäß Gleichung (13)
den Meßfehler m i t Strahlungsschutz noch dadurch herunter-

---

[1]) Diese Vernachlässigung bedingt in den in § 3 C durchgerech-
neten Beispielen einen Fehler von höchstens 1%.

[2]) T_s kann gleich T_g gemacht werden, wenn man den Strahlungsschutz elektrisch heizt. Vgl. S. 101.

drücken, daß man diesen auf der Außenseite mit einem Wärmeschutzstoff belegt und letzteren noch mit einem Metall von
kleiner Strahlungszahl umschließt. — Während bei einem
einfachen metallenen Strahlungsschutz dessen innere und
äußere Oberfläche nahezu die gleiche Temperatur $T_s{}^i$ und
$T_s{}^a$ haben, ist bei Anwendung eines Isoliermittels die für den
Meßfehler allein in Betracht kommende Temperatur $T_s{}^i$
an der Innenfläche wesentlich höher als an der Außenfläche
$T_s{}^a$ und daher der Meßfehler kleiner als beim nackten metallenen Strahlungsschutz. (Vgl. die Konstruktion des »Ab-
saugepyrometers« S. 107.)

C) Beispiele.

Um ein Urteil zu gewinnen, wie groß bei Temperaturmessungen in einem strömenden heißen Gase der durch die
Abstrahlung des Instrumentes an die kältere Rohrwand bedingte Meßfehler ausfällt[1]), sei seine zahlenmäßige Ausrech-
nung an einigen Beispielen durchgeführt.[2])

In einer eisernen Rohrleitung vom Durchmesser $D = 50$ mm
ströme Luft von der Temperatur $t_g = 200^0$ C, während die die
Leitung umgebende Außenluft die Temperatur $t_a = 20^0$ hat.

Die Wärmeübergangszahl α_a sei $= 10$ angenommen. In
der Rohrleitung sei axial ein Eisenrohr vom Durchmesser $d =$
10 mm angebracht, welches z. B. zur Aufnahme eines Thermometers dient. Die Berührung des letzteren mit dem Thermometerrohre sei so gut, daß beide dieselbe Temperatur haben.
Die äußere Oberfläche des Thermometerrohres[3]) habe eine
Strahlungszahl $C_1 = 4,0$.[4])

---

[1]) Es hat selbstverständlich keinen Sinn, den Meßfehler, wie
es bei anderen technischen Messungen wohl üblich ist, in Prozenten anzugeben, da deren Wert von der Wahl des Nullpunktes
der Temperatur-Skala abhängen würde.

[2]) Über die experimentelle Bestimmung dieser Meßfehler
durch Reiher-Neidhardt, Hildenbrand und Moeller
s. S. 99.

[3]) Es empfiehlt sich, das Rohr zu vernickeln und zu polieren,
wenn man annehmen darf, daß sich die Oberfläche während des
Betriebes sauber und blank erhält. In diesem Falle ist $C_1 \sim 0,3$
und dementsprechend auch $(t_g - t')$ kleiner als nachstehend berechnet.

[4]) E. Schmidt, a. a. O.

Alsdann mögen für die einzelnen Größen, welche nach den aus den Gleichungen (10) und (16) gezogenen Folgerungen auf den Meßfehler einen entscheidenden Einfluß haben, verschiedene Annahmen gemacht werden. In allen Beispielen sind die Berechnungen für die Luftgeschwindigkeiten 5, 10 und 30 m/sec angestellt, da, wie schon erwähnt, die Wärmeübergangszahl a von der Geschwindigkeit abhängt.

Beispiel a) enthält die Berechnung des Meßfehlers für eine nackte Rohrleitung, während in b) diese außen mit einem Wärmeschutz versehen ist, um den Temperaturunterschied zwischen Gas und Rohrleitung zu verkleinern. Ferner ist in den Beispielen c) und d) der Einfluß des Strahlungsschutzes für eine nicht-isolierte und eine isolierte Leitung berechnet.

a) Nackte Rohrleitung.

Den Werten der Luftgeschwindigkeit

$$w = 5 \qquad 10 \qquad 30 \text{ m/sec}$$

entsprechen folgende Werte der Wärmeübergangszahl[1])

$$a' = a_i = 19 \qquad 32 \qquad 76 \, \frac{\text{kcal}}{\text{m}^2 \, \text{st} \, {}^0\text{C}} \cdot {}^{[2]})$$

Mit ihnen berechnen sich aus der Gleichung (11) für die drei Geschwindigkeiten folgende Temperaturen der Rohrwand:

$$t_w = 138 \qquad 157 \qquad 179^0 \, \text{C},$$
$$T_w = 411 \qquad 430 \qquad 452^0.$$

Setzt man diese Werte in Gleichung (10) ein, so erhält man für

$$w = 5 \qquad 10 \qquad 30 \text{ m/sec}$$
$$t_g - t' = 24,8 \qquad 13,2 \qquad 3,6^0 \, \text{C}.$$

---

[1]) Die Werte sind entnommen aus den Diagrammen von W. Nußelt, Zeitschr. d. Ver. deutsch. Ing., 1917, S. 685, und Gesundheitsingenieur 1918, S. 13. — Vgl. auch »Hütte«, I. Band, 25. Aufl., S. 452.

[2]) Da es sich im Nachstehenden nur um die Bestimmung der »Größenordnung« der Meßfehler handelt, ist der Einfachheit halber $a' = a_i$ angenommen worden, während die Werte dieser beiden Wärmeübergangszahlen in Wirklichkeit voneinander abweichen.

Der Meßfehler wächst mit abnehmender Gasgeschwindigkeit und erreicht bei $w = 5$ m/sec den hohen Wert von 25^0.

b) Isolierte Rohrleitung.

Die Rohrleitung des Beispieles a) sei nunmehr außen 6 cm stark mit Kieselgur von der Wärmeleitzahl

$$\lambda = 0{,}06 \frac{\text{kcal}}{\text{m st }^0\text{C}}$$

isoliert. Zur Berechnung der Temperatur t_w der Rohrwand dient jetzt statt der Gleichung (11) eine andere. Die auf die Länge L der Rohrwand in der Zeiteinheit aus dem Gasstrom übergehende Wärme ist zwar wie oben

$$Q = \alpha_i \, D \, \pi \, L \, (t_g - t_w).$$

Diese nämliche Wärme Q geht aber jetzt nicht von der äußeren Rohrwand unmittelbar an die Umgebungsluft über, sondern muß erst durch die Isolierung von der Form eines Hohlzylinders hindurchströmen. Die für diesen Fall geltende Gleichung[1]) der Wärmeübertragung lautet:

$$Q = \frac{\pi \, L \, (t_w - t_a)}{\dfrac{1}{\alpha_a \, D_a} + \dfrac{1}{2 \, \lambda} \log \text{nat} \dfrac{D_a}{D_i}},$$

worin D_a und D_i den äußeren und inneren Durchmesser der Isolierschicht bedeuten. Infolge der innigen Berührung der Isolierung mit der äußeren Rohrwand ist $D_i = D = 0{,}05$ m, $D_a = 0{,}17$ m. Es folgt mit $\alpha_a = 10$ einerseits

$$Q = \alpha_i \, 0{,}05 \, \pi \, L \, (200 - t_w),$$

anderseits

$$Q = \frac{\pi \, L \, (t_w - 20)}{\dfrac{1}{10 \cdot 0{,}17} + \dfrac{1}{2 \cdot 0{,}06} \log \text{nat} \dfrac{0{,}17}{0{,}05}}.$$

Durch Gleichsetzen der beiden Werte von Q erhält man die gewünschte Gleichung für t_w. Für

$$w = 5 \qquad\qquad 10 \qquad\qquad 30 \text{ m/sec}$$

---

[1]) Hütte I, 25. Aufl., 1925, S. 460.

ist jetzt[1])

$$a' = a_i = 18 \qquad 31 \qquad 74 \frac{\text{kcal}}{\text{m}^2 \text{ st } {}^0\text{C}}$$

und man erhält

$$t_w = 183 \qquad 190 \qquad 195{,}6^0 \text{ C.}$$

Führt man diese Werte von t_w in die Gleichung (10) ein, so berechnet sich der Meßfehler zu

$$t_g - t' = 7{,}9 \qquad 3{,}4 \qquad 0{,}81^0 \text{ C.}$$

Gegenüber dem nicht-isolierten Rohre des Falles a) ist also infolge der höheren Wandtemperatur bei der Gasgeschwindigkeit $w = 5$ m/sec der Meßfehler von 25^0 auf 8^0 gesunken.

c) Nacktes Rohr mit Strahlungsschutz.

Um auch zahlenmäßig die Wirkung eines Strahlungsschutzes übersehen zu können, soll das unter a) gegebene Beispiel mit einem solchen Schutze durchgerechnet werden.

Es sei angenommen der Durchmesser des Strahlungsschutzes $d_s = 0{,}02$ m, die Strahlungszahl des Thermometerrohres $C_1 = 4{,}0$, die Strahlungszahl der äußeren glatten Oberfläche des aus Messing hergestellten Strahlungsschutzes $C_s{}^a = 0{,}3$.

Wiederum sei

$$
\begin{aligned}
w = \quad 5 \qquad\quad 10 \qquad\quad & 30 \text{ m/sec} \\
a_s = a' = a_i{}^2) = \quad 19 \qquad\quad 32 \qquad\quad & 76 \\
t_w = 138 \qquad 157 \qquad & 179^0 \\
T_w = 411 \qquad 430 \qquad & 452^0
\end{aligned}
\right\} \text{(s. Beispiel a).}
$$

Die Gleichung (16) ergibt für diese Werte von T_w

$$
\begin{aligned}
t_g - t_s = \quad 1{,}6 \qquad 0{,}73 \qquad 0{,}16^0 \\
t_s = 198{,}4 \qquad 199{,}27 \qquad 199{,}84^0.
\end{aligned}
$$

Sodann folgt aus Gleichung (13) der Meßfelder

$$t_g - t' = \quad 0{,}7 \qquad 0{,}25 \qquad 0{,}03^0.$$

---

[1]) Wegen der gegen Beispiel a) veränderten Wandtemperaturen sind die jetzt zu benutzenden Werte von a_i etwas von den dortigen verschieden.

[2]) Vgl. S. 32, Fußnote 2.

d) Isoliertes Rohr mit Strahlungsschutz.

Es seien auch noch die entsprechenden Zahlen berechnet, wenn der Strahlungsschutz bei dem Falle b) der isolierten Leitung zur Anwendung kommt:

$$
\begin{aligned}
w &= \quad 5 \qquad\quad 10 \qquad\qquad 30 \text{ m/sec} \\
a_s = a' = a_i &= \ 18 \qquad\quad 31 \qquad\qquad 74 \\
t_w &= 183 \qquad\; 190 \qquad\quad 195,6^0 \\
T_w &= 456 \qquad\; 463 \qquad\quad 468,6^0
\end{aligned}
\Big\} \text{(s. Beispiel b)}.
$$

Nach Gleichung (16) ist

$$
\begin{aligned}
t_g - t_s &= \quad 0,55 \qquad\quad 0,19 \qquad\quad 0,037^0 \\
t_s &= 199,45 \qquad 199,81 \qquad 199,963^0.
\end{aligned}
$$

Nach Gleichung (13) berechnet sich der Meßfehler

$$
t_g - t' = \quad 0,27 \qquad\quad 0,07 \qquad\quad 0,007^0.
$$

Bei Anwendung eines Strahlungsschutzes bleiben also in den angenommenen Fällen sämtliche Fehler unter 1^0 C.

Das qualitative Ergebnis aus den Berechnungen des vorstehenden § 3 sei dahin zusammengefaßt: Die bei der Temperaturmessung in strömenden Gasen durch den Strahlungsaustausch des Meßgerätes mit den festen Körpern der Umgebung bedingten Fehler werden am kleinsten:

1. Wenn das Meßgeräte kleinen Durchmesser hat,

2. wenn die Geschwindigkeit des Gasstromes groß ist,

3. wenn die Temperatur der Wandung wenig von der des Gases verschieden ist,

4. wenn der Strahlungsaustausch zwischen Instrument und Umgebung durch einen zwischengebauten Strahlungsschutz verringert wird.

§ 4. Berechnung des bei Temperaturmessungen durch Wärmeableitung in der Armatur bedingten Meßfehlers.

Für die Berechnung der in den Wandungen eines Thermometers oder seiner Armatur durch Wärmeleitung abgeführten Wärmemenge und des dadurch entstehenden Meßfehlers sei der folgende, vielfach vorkommende, daher typische Fall einer Meßanordnung zugrunde gelegt.

In einem Rohr *a* (Abb. 4), das von einem heißen Gase durchströmt wird, ist ein sog. Thermometerrohr *b* eingesetzt, in welches ein Quecksilber- oder ein elektrisches Thermometer eingetaucht wird. Die Wärmeableitung ist hier äußerst verwickelt und muß zum Zwecke der Berechnung in die Einzelvorgänge zerlegt werden.

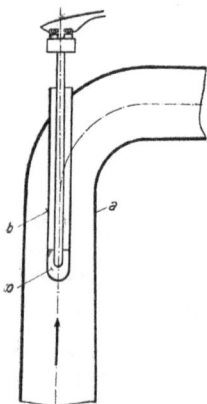

Abb. 4.

Die vom Gase an das Thermometerrohr *b* übergehende Wärme strömt zum einen Teil in dessen Wandungen nach außen. — Ein weiterer Teil geht durch Vermittlung einer Flüssigkeitsfüllung *o* oder durch Luft an das Thermometer über. Diese Wärme gelangt durch die Wandungen des Thermometers nach dessen aus dem Thermometerrohr herausragenden Teilen und wird sowohl bei Quecksilberthermometern aus Glas, als auch besonders bei Thermometern mit metallischen Armaturen an die angrenzende Luft abgegeben. — Bei elektrischen Thermometern kommt endlich noch die Wärmeableitung durch deren Drähte hinzu.

Die Berechnung der hierdurch bedingten Fehler gelingt oft nur unter vereinfachenden Annahmen, aber immerhin mit einer solchen Sicherheit, daß man aus ihr die Mittel zur Beseitigung der Fehler nach Art und Größe entnehmen kann. Sie läßt sich für den am häufigsten auftretenden Fall zurückführen auf die Bestimmung des Temperaturverlaufes in einem Rohre, welches an beiden Enden verschiedene Temperatur hat.

Bei der nachstehend durchgeführten Berechnung und den aus ihr für den Meßfehler gezogenen Folgerungen ist absichtlich die Wärmeabstrahlung des Thermometers an die kältere Umgebung unberücksichtigt gelassen; sie lagert sich über den Vorgang der Wärmeableitung. Sowohl ihre Gesetzmäßigkeiten als auch die Maßnahmen, die zur Vermeidung der durch sie bedingten Meßfehler erforderlich sind, wurden schon im vorhergehenden § 3 besprochen.

A) Der Temperaturverlauf in einem Thermometerrohr.

a) Grundgleichung des Temperaturfeldes.

Für die Berechnung der Temperaturverteilung im Thermometerrohr und in dessen Umgebung sei angenommen (Abb. 4a), daß ein heißes Gas oder eine heiße Flüssigkeit von der Temperatur t_g an einer kalten Rohrwand a, in der das Thermometerrohr b befestigt ist, vorbeiströmt. Alsdann wird Wärme vom Gase oder von der Flüssigkeit auf das Thermometerrohr übergehen und in dessen Wandung nach der Befestigungsstelle fließen, wo die Temperatur t_0 herrscht. Die Temperatur steigt von hier längs des Thermometerrohres bis zu dessen Endquerschnitt und habe dort den Wert t'. Diese von irgend einem, vorläufig unbestimmt gelassenen Meßgeräte angezeigte Temperatur t' ist nur unter gewissen Bedingungen gleich der in Wirklichkeit zu bestimmenden Temperatur des Gases t_g.

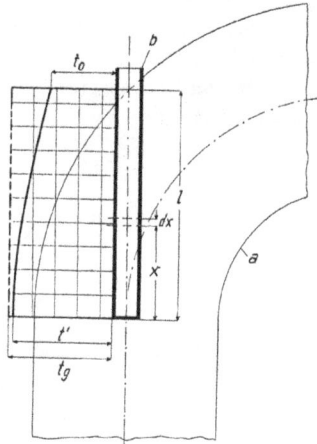

Abb. 4a.

Der durch die Wärmeabgabe entstehende Temperaturunterschied $(t_g - t')$ stellt daher den Meßfehler dar.

Unter der Annahme, daß eine Wärmeabgabe vom Thermometerrohr nach innen in Richtung nach seiner Achse, also etwa zu dem hineingeschobenen Thermometer, zunächst nicht stattfindet, kann man folgende Gleichungen aufstellen:

Wählt man die Achse des Thermometerrohres zur x-Achse und deren positive Richtung vom Boden des Rohres zur Befestigungsstelle, so strömt an einer beliebigen Stelle x durch den Materialquerschnitt q des Thermometerrohres im Längendifferential dx die Wärmemenge Q

$$Q = -\lambda q \frac{dt}{dx} \qquad (17)$$

wenn λ die Wärmeleitzahl des Rohrmaterials in kcal/m·st·^{0}C bedeutet. Von der Oberfläche des Differentiales wird aus dem Gase oder der Flüssigkeit die Wärmemenge dQ aufgenommen:

$$dQ = \alpha \cdot d \cdot \pi \cdot dx\,(t_g - t) \ \ . \ \ . \ \ . \ \ . \ \ (18)$$

wenn t die Temperatur an der Stelle x, d den äußeren Durchmesser des Thermometerrohres und α die Wärmeübergangszahl auf dieses bezeichnen. Das Differential dQ ist nichts anderes, als die Änderung des durch Gleichung (17) ausgedrückten Wärmeflusses Q auf der Strecke dx; es folgt somit die für den Temperaturverlauf längs des Rohres gültige Differentialgleichung

$$\frac{d^2 t}{dx^2} = -\frac{\alpha d \cdot \pi}{\lambda q}(t_g - t) \ \ . \ \ . \ \ . \ \ . \ \ (19)$$

Ihre Lösung lautet:

$$(t_g - t) = c_1 e^{Ax} + c_2 e^{-Ax} \qquad (20)$$

worin $A = \sqrt{\dfrac{\alpha d \cdot \pi}{\lambda q}}$ und c_1, c_2 die Integrationskonstanten sind. Letztere bestimmen sich aus den Grenzbedingungen:

$$\text{für } x = 0 \text{ ist } t = t'$$
$$\text{» } x = l \text{ » } t = t_0.$$

Das Temperaturgefälle im Enddifferential des Thermometerrohres, also bei $x = 0$, ist nach Gleichung (20)

$$-\left(\frac{dt}{dx}\right)_{x=0} = A\,(c_1 - c_2) \ \ . \ \ . \ \ . \ \ . \ \ . \ \ (21)$$

Die im Enddifferential strömende Wärmemenge $Q_{x=0}$ wird durch die das Rohr an der Stelle $x = 0$ abschließende Bodenfläche F aus dem Gase oder der Flüssigkeit aufgenommen. Es müßte daher bei strenger Durchführung der Berechnung die Gleichung der Wärmeleitung innerhalb der Endfläche F hinzugenommen werden.[1] Statt dessen kann man eine vereinfachende, genügend genaue Annahme machen[2], indem man sich die Fläche F in Bezug auf die Wärmeauf-

---

[1] Vgl. K. Hencky, Zeitschr. d. Ver. deutsch. Ing., 1924, S. 297 und S. 792.

[2] Vgl. H. Reiher und K. Cleve, »Technische Mechanik«, Ergänzungsheft d. Zeitschr. d. Ver. deutsch. Ing. Bd. 69 (1925), S. 49.

nahme durch ein gleichwertiges Verlängerungsstück des ring-
förmigen Rohres ersetzt denkt. Dann befindet sich an der
Stelle $x = 0$ die Stelle höchster Temperatur und es ist dort

$$\left(\frac{dt}{dx}\right)_{x=0} = 0.$$

Aus Gleichung (21) folgt:

$$c_1 - c_2 = 0.$$

Nach einigen Umformungen ergibt sich damit aus Glei-
chung (20) für die Temperaturdifferenz zwischen Gas oder
Flüssigkeit und der am tiefsten eintauchenden Stelle des
Thermometerrohres b die Gleichung:

$$t_g - t' = \frac{t_g - t_0}{\mathfrak{Cof}\, A\, l} \quad \ldots \ldots \quad (22)$$

oder abgekürzt

$$t_g - t' = \varphi \cdot (t_g - t_0),$$

worin, wie erwähnt

$$A = \sqrt{\frac{a\, \pi\, d}{\lambda\, q}}$$

und l die Länge des Thermometerrohres b bedeutet.

Der Meßfehler erscheint somit als ein Produkt aus der
experimentell bestimmbaren Temperaturdifferenz $(t_g - t_0)$
zwischen den Temperaturen t_g des strömenden Mediums und
t_0 der Befestigungsstelle des Thermometerrohres und dem
Faktor φ, der sich aus den physikalischen Konstanten a und
λ, sowie den Dimensionen des Thermometerrohres errechnet.

Gleichung (22) ist unter der Annahme abgeleitet, daß
$t_g > t' > t_0$ ist, d. h. daß ein heißes Gas oder eine heiße Flüssigkeit in einem außen gekühlten Rohre strömt. Für den
umgekehrten Fall, daß $t_g < t' < t_0$, also ein kaltes Medium
in einem erhitzten Rohre strömt, bleibt Gleichung (22) gültig;
es ändern sich nur die Vorzeichen der Temperaturdifferenzen.

Gleichung (22) zeigt folgende, später an Hand von Beispielen zahlenmäßig zu belegende Zusammenhänge zwischen
der Größe des Meßfehlers und den diese beeinflussenden Größen.

1. Der Meßfehler $(t_g - t')$ ist proportional dem Unterschied zwischen der Temperatur t_g von Gas oder Flüssigkeit
und t_0 der Wandung, in die das Rohr b eingesetzt ist.

2. Der Meßfehler wird mit zunehmender Länge l des Thermometerrohres b beschleunigt kleiner.

3. Der Meßfehler ist desto kleiner, je größer die Konstante A ist. Er ist also klein, wenn

das Produkt aus der Wärmeübergangszahl α und dem äußeren Durchmesser d des Thermometerrohres groß,

die Wärmeleitzahl λ des Materials des Thermometerrohres klein und

das Verhältnis von Umfang des Thermometerrohres zu dem die Wärmeleitung vermittelnden Metallquerschnitt q groß ist.

b) Zahlenmäßige Berechnung und Vermeidung der durch die Wärmeableitung des Thermometerrohres bedingten Meßfehler.

1. **Einfluß der Wärmeübergangszahl und der Länge des Thermometerrohres.**

Der Einfluß der Wärmeübergangszahl α und der Rohrlänge l ist in Abb. 5 graphisch dargestellt.

Als Abszissen sind die Längen l des Thermometerrohres b, als Ordinaten die für verschiedene Wärmeübergangszahlen α geltenden φ-Werte aufgetragen, die nach Gleichung (22) ein direktes Maß für die Meßfehler $(t_g - t')$ darstellen.

Hinsichtlich der Maße und des Materiales des Thermometerrohres ist von obigen Regeln zur Verminderung des Meßfehlers bereits Gebrauch gemacht und angenommen:

Äußerer Durchmesser der Thermometerrohre $d = 0,012\,\text{m}$;

Wandstärke $\delta = 0,0015$ m, demnach $q = 50 \cdot 10^{-6}$ m²

und $\dfrac{d \cdot \pi}{q} = 754$;

Wärmeleitzahl $\lambda = 60 \dfrac{\text{kcal}}{\text{m} \cdot \text{st} \cdot {}^0\text{C}}$ (Eisen).

Mit diesen Zahlenwerten wird:

für $\alpha =$	$A =$
10	11,2
25	17,7
50	25,0
100	35,4
1000	112,0
10000	354,0

Beispiel.

In einer eisernen Heißwindleitung (vgl. § 3 C) von 60 mm Durchmesser soll die Temperatur der Luft $t_g = 200^0$ C betragen; die Luftgeschwindigkeit w sei 5, 10 und 30 m/sec. Das Thermo-

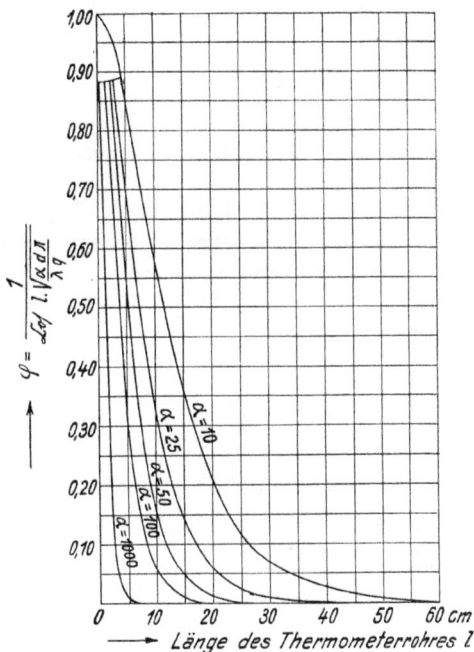

Abb. 5.

meterrohr sei in der vielfach üblichen Weise schräg gegen die Rohrachse eingesetzt und 50 mm lang.

Für den Fall des nichtisolierten Rohres ist bei

$w =$	5	10	30 m/sec
$\alpha \sim$	19	32	$76 \dfrac{\text{kcal}}{\text{m}^2 \text{st}\,^0\text{C}}$ [1]

---

[1] Die Werte von α sind entnommen aus den Diagrammen von W. Nußelt, Zeitschr. d. Ver. deutsch. Ing. 1917, S. 685, und Gesundheitsing. 1918, S. 13. — Vgl. »Hütte«, I. Band, 25. Aufl., S. 452.

ferner ist t_0 nahezu gleich der Wandtemperatur t_w, also

$$t_0 \sim t_w = 138 \qquad 157 \qquad 179^0\,\text{C}$$

also

$$(t_g - t_0) \sim 62 \qquad 43 \qquad 21^0\,\text{C}.$$

Aus Abb. 5 läßt sich für diese Verhältnisse ablesen:

$$\varphi = 0{,}76 \qquad 0{,}65 \qquad 0{,}41.$$

Daraus ergeben sich die Meßfehler:

$$(t_g - t') \sim 47{,}1 \qquad 27{,}9 \qquad 8{,}6^0\,\text{C},$$

welche deren starke Abnahme bei zunehmendem Werte von a erkennen lassen.

Will man nun umgekehrt die Eintauchtiefe l des Thermometerrohres bestimmen, bei welcher ein bestimmter Meßfehler nicht überschritten wird, also z. B. 1^0 C, so errechnen sich die erforderlichen φ-Werte aus der Gleichung

$$\varphi = \frac{t_g - t'}{t_g - t_0} = \frac{1}{(t_g - t_0)}$$

bei

$$w = 5 \qquad 10 \qquad 30\ \text{m/sec}$$

zu

$$\varphi = 0{,}016 \qquad 0{,}023 \qquad 0{,}048.$$

Unter Benutzung der Abb. 5 folgt dann die erforderliche Mindesteintauchtiefe zu

$$l \sim 35 \qquad 23 \qquad 13\ \text{cm}.$$

Ist die Heißwindleitung gut isoliert, etwa 6 cm stark, mit einem Isoliermittel von der Wärmeleitzahl

$$\lambda = 0{,}06\ \frac{\text{kcal}}{\text{m st}\,^0\text{C}},$$

so wird bei

$$w = 5 \qquad 10 \qquad 30\ \text{m/sec}$$

$$a \sim 18 \qquad 31 \qquad 74\ \frac{\text{kcal}}{\text{m}^2\,\text{st}\,^0\text{C}}$$

$$t_0 \sim t_w = 183 \qquad 190 \qquad 195{,}6^0\,\text{C}$$

und

$$\varphi = 0{,}76 \qquad 0{,}65 \qquad 0{,}41.$$

Mit

$$(t_g - t_0) = 17 \qquad 10 \qquad 4{,}4^0\,\text{C}$$

folgt

$$(t_g - t') = \quad 12{,}9 \qquad 6{,}5 \qquad 1{,}8^0\,C.$$

Will man sich auch hier mit einer Meßgenauigkeit von $1^0\,C$ begnügen, so müssen aus Abb. 5 die Eintauchtiefen l bestimmt werden für

$$\varphi = \quad 0{,}059 \qquad 0{,}156 \qquad 0\,555.$$

Es wird

$$l \sim 25 \qquad 13 \qquad 4\;\text{cm}.$$

Aus diesen der Praxis entnommenen Beispielen ergibt sich, daß die Meßfehler teilweise außerordentlich groß sind. Der Wärmeschutz einer Rohrleitung, und sei er nur ein örtlicher an der Meßstelle, verringert sie erheblich.

Bei Leitungen mit überhitztem Dampf ($\alpha = 50$ bis 300) und besonders mit Wasser ($\alpha \sim 1000$) sind die Meßfehler kleiner; in keinem Falle aber darf der Einfluß der Wärmeableitung im Thermometerrohre ganz unbeachtet bleiben.

2. Einfluß der Wärmeleitzahl des Materiales des Thermometerrohres.

Die Wärmeleitzahl der Wandung des Thermometerrohres ist von ebenso großem Einfluß wie die Wärmeübergangszahl. Dies erhellt daraus, daß die Hilfsgröße A proportional mit $\sqrt{\dfrac{\alpha}{\lambda}}$ ist. Eine Verdoppelung der Wärmeleitzahl wirkt also ebenso wie eine halb so große Wärmeübergangszahl.

Für die zahlenmäßige Bestimmung des Einflusses von λ kann man ebenfalls Abb. 5, welche für ein eisernes Thermometerrohr und $\lambda = 60$ gezeichnet ist, benutzen. Verwendet man ein Material mit der Wärmeleitzahl λ', so entnimmt man für eine bestimmte Eintauchtiefe l die Größe φ nicht für den wirklich vorliegenden Wert von α, sondern für einen gedachten α'-Wert, der durch die Gleichung definiert ist:

$$\alpha' = \frac{\lambda}{\lambda'}\,\alpha = \frac{60}{\lambda'}\,\alpha.$$

War z. B. bei einem Thermometerrohr ($\lambda = 60$) und für eine Wärmeübergangszahl $\alpha = 60$, sowie eine Eintauchtiefe

$l = 10$ cm der Wert $\varphi = 0{,}14$, so wird für ein kupfernes Rohr ($\lambda' = 360$) der Wert

$$\alpha' = \frac{60}{360} \cdot 60 = 10 \quad \text{und} \quad \varphi' = 0{,}590.$$

Das Beispiel zeigt den großen zahlenmäßigen Einfluß der Wärmeleitzahl; die richtige Wahl des Materiales für das Thermometerrohr ist daher ein sehr wirksames Mittel zur Verringerung des Meßfehlers.[1]) Eine Zusammenstellung der Wärmeleitzahl einiger Stoffe enthält die Zahlentafel 1, S. 173.

3. Einfluß der Wandstärke des Thermometerrohres.

Die Form des Thermometerrohres kommt in Gleichung (22) durch das Verhältnis $\dfrac{\text{Umfang}}{\text{Querschnitt}}$ zum Ausdruck. Je kleiner man bei gegebenem Umfange die Wandstärke δ des Rohres macht, desto größer ist dieses Verhältnis und damit die Hilfsgröße A, desto kleiner φ und daher auch der Meßfehler.

Um bei einem zylindrischen Rohre den Einfluß zahlenmäßig angenähert zu übersehen, kann man wiederum Abb. 5 und ein gedachtes α'' benutzen. Läßt man den Außendurchmesser ungeändert und ändert die in der Abb. 5 zu $\delta = 0{,}0015$ m angenommene Wandstärke in δ' um, so behält die Hilfsgröße A angenähert ihren Wert, wenn

$$\alpha'' = \frac{\delta}{\delta'}\,\alpha = \frac{0{,}0015}{\delta'}\,\alpha$$

gewählt wird.

War z. B. $\alpha = 25$ und würde $\delta' = 0{,}5$ mm gewählt, dann gibt Abb. 5 den nahezu richtigen φ-Wert für ein

$$\alpha'' = \frac{0{,}0015}{0{,}0005}\,\alpha = 75.$$

Bei
$$l = 15 \text{ cm}$$
ist z. B. für
$$\delta = 1{,}5 \text{ mm} \qquad \varphi = 0{,}14$$
und für
$$\delta' = 0{,}5 \text{ mm} \qquad \varphi' = 0{,}03.$$

----

[1]) Vgl. die auf S. 92 erwähnten Versuche von Moeller.

Verändert man sowohl den Umfang als auch den Querschnitt, ersteren aber mehr als den letzteren, etwa durch Aufsetzen von Rippen, so kann man den bei kleiner Wandstärke noch verbleibenden Meßfehler weiterhin verringern.[1])

4. Das Einsetzen des Thermometerrohres in die Wand.

Gemäß Gleichung (22) ist der durch ein Thermometerrohr verursachte Meßfehler wesentlich von der Temperatur t_0 der Befestigungsstelle abhängig. Diese wird durch die Art des Einsetzens des Thermometerrohres bestimmt, welches in metallische Rohrleitungen entweder eingeschraubt oder eingeschweißt wird. Die von ihm abgeleitete Wärme geht durch die Verbindungsstelle mit der Wand an diese weiter, da die Temperatur der Wand t_w niedriger ist als t_0.

t_0 liegt desto höher, und desto näher an t_g, je größer der Widerstand für die Wärmeabfuhr aus dem Thermometerrohr und je kleiner die Verbindungsfläche zwischen dem Thermometerrohr und der gasdurchströmten Leitung ist. Wenn irgendmöglich, sollte daher bei Thermometerrohren ohne herausragende Teile die metallische Verbindung zwischen diesen beiden durch Zwischenschaltung einer isolierenden Muffe unterbrochen werden. Wo dies wegen des in der Leitung herrschenden Druckes nicht angängig ist, ist das Einschweißen die beste Art der Befestigung des Thermometerrohres.

B) Die Wärmeableitung durch teilweise herausragende Teile des Meßinstrumentes.

Im vorhergehenden Teile (A) war ein am einen Ende geschlossenes Thermometerrohr angenommen, das in der Wand eines heißen Gasstromes befestigt ist, und in dessen offenes Ende in noch näher zu erläuternder Weise (s. S. 49) ein Meßgerät, also ein Flüssigkeitsthermometer, Thermoelement oder Widerstandsthermometer eingeschoben werden kann.

---

[1]) Vgl. A. Schwartz, Zeitschr. d. Ver. deutsch. Ing. 1912, S. 260. — E. Schmidt, »Techn. Mechanik«, Ergänzungsheft d. Zeitschr. d. Ver. deutsch. Ing. 1925, S. 58, und die unten auf S. 88 erwähnten Versuche von Reiher und Cleve.

Sehr häufig sind in der Technik aber auch Instrumente, vor allem Thermoelemente und Widerstandsthermometer, im Gebrauch, die ohne einen solchen Thermometerstutzen zur Verwendung kommen. Sie haben eine Armatur, deren unterer Teil ein unten geschlossenes oder offenes Thermometerrohr ersetzt, während ihr oberer Teil mehr oder minder in die Luft hinausragt. Durch letzteren Umstand wird Gelegenheit zur Wärmeableitung nach außen und zu Meßfehlern gegeben.

a) Gleichung des Meßfehlers.

In Abb. 6 ist das schematische Bild der gedachten Anordnung dargestellt, in welcher der Einfachheit halber die Armatur in Form eines zylindrischen Rohres gedacht ist. Dabei ist vorausgesetzt, daß zwischen der Armatur und der Wand, durch welche sie an der Stelle $E-E$ durchgeführt wird, kein Wärmeaustausch erfolgt.

Unterhalb der Linie $E-E$ nimmt die Armatur Wärme vom Gas von der Temperatur t_g auf, oberhalb gibt sie Wärme an die Außenluft von der Temperatur t_L ab, während im Schnitt $E-E$ die Temperatur t_E herrscht. Unter Benutzung der früheren Bezeichnungen, jedoch mit der Indexunterscheidung 1 für die Größen des eintauchenden Teiles und 2 für diejenigen des austauchenden Rohres kann man bei der rechnerischen Behandlung dieses Falles für den eintauchenden und herausragenden Teil des Instrumentes die Gleichung (22) anwenden. Die Temperaturdifferenz zwischen Gas und eintauchendem Ende des Thermometerrohres, also der Meßfehler, wird

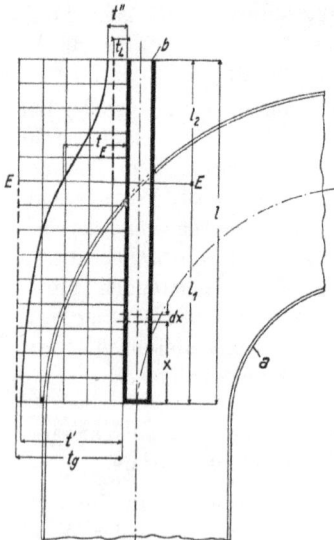

Abb. 6.
Teilweise herausragendes Thermometerrohr.

$$(t_g - t') = \frac{t_g - t_E}{\operatorname{\mathfrak{Cof}} A_1 l_1} = \varphi_1 \cdot (t_g - t_E).$$

Für die wärmeabgebende Seite gilt entsprechend

$$(t'' - t_L) = \frac{t_E - t_L}{\operatorname{\mathfrak{Cof}} A_2 l_2} = \varphi_2 \cdot (t_E - t_L).$$

Betrachtet man den Temperaturverlauf längs des Thermometerrohres am eintauchenden und herausragenden Teil, so muß beim Schnitt $E - E$, also für $x = l_1$

$$\left(\frac{dt}{dx}\right)_1 = \left(\frac{dt}{dx}\right)_2$$

sein (die t-Kurven haben eine gemeinsame Tangente am Wendepunkt). Aus Gleichung (20) folgt alsdann

$$A_1 \left(c_1' e^{A_1 l_1} - c_2' e^{-A_1 l_1}\right) = A_2 \left(c_1'' e^{A_2 l_2} - c_2'' e^{-A_2 l_2}\right)$$

oder nach einigen Umformungen

$$\frac{t_E - t_L}{t_g - t_E} = \frac{A_1}{A_2} \cdot \frac{\operatorname{\mathfrak{Sin}} A_2 l_2}{\operatorname{\mathfrak{Sin}} A_1 l_1} \cdot \frac{(\operatorname{\mathfrak{Cof}} A_1 l_1 - \varphi_1)}{(\operatorname{\mathfrak{Cof}} A_2 l_1 - \varphi_2)}$$

oder

$$t_E = t_g - \frac{t_g - t_L}{1 + \dfrac{A_1 \cdot \operatorname{\mathfrak{Sin}} A_2 l_2 \, (\operatorname{\mathfrak{Cof}} A_1 l_1 - \varphi_1)}{A_2 \cdot \operatorname{\mathfrak{Sin}} A_1 l_1 \, (\operatorname{\mathfrak{Cof}} A_2 l_2 - \varphi_2)}}.$$

Mit Hilfe des aus dieser Gleichung errechneten Wertes von t_E folgt dann der Meßfehler aus Gleichung

$$t_g - t' = \varphi_1 \cdot (t_g - t_E).$$

b) Regeln für die Größe des Meßfehlers.

Da der Meßfehler auch die φ-Werte der Gleichung (22) enthält, gelten zunächst alle in Abschnitt (A, a) zu seiner Verkleinerung angegebenen Regeln. Der Meßfehler ist demnach um so kleiner

je größer die Eintauchtiefe des Armaturrohres,

je größer das Produkt aus der Wärmeübergangszahl α_1 vom heißen Gas auf die Armatur und deren äußeren Durchmesser,

je kleiner die Wärmeleitzahl λ des Materiales der Armatur,

je größer das Verhältnis von Umfang der Armatur zu deren Metallquerschnitt ist.

Hierzu treten noch die von dem herausragenden Teile
herrührenden Einflüsse; der Meßfehler ist, wie aus den letzten
beiden Gleichungen gefolgert werden kann, um so kleiner,

je kürzer der herausragende Teil,

je kleiner die Wärmeübergangszahl α_2 vom herausragenden Teile an die Umgebungsluft.

Besonders zu beachten sind die beiden letzten, die Wärmeabgabe am herausragenden Teil betreffenden Punkte. Ebenso
wie durch vermehrte Wärmezufuhr am eintauchenden Teil,
so wird durch verminderte Wärmeableitung am herausragenden Teil der Meßfehler verkleinert.

Hat z. B. die Armatur — wie bei Benutzung elektrischer
Thermometer meist üblich — einen außenliegenden Klemmenkopf, so wirkt dieser stark abkühlend und fälschend auf die
Temperaturmessung ein.[1] — Bei den Instrumenten des Han-
dels sollte demnach entweder der Klemmenkopf an der Außenseite eine Wärme-Isolierung (z. B. aus Hartgummi) haben, oder
es sollte die metallische Verbindung zwischen ihm und der
Armatur unterbrochen werden.

Ist der herausragende Teil mit Seidenzopf, Glaswolle
oder anderen Wärmeschutzstoffen während der Messung isoliert, so ist der Fehler nur sehr gering.

Bei der im vorstehenden durchgeführten Betrachtung
einer teilweise herausragenden Armatur war angenommen,
daß zwischen dieser und der Wand, welche Gas und Außenluft trennt, keine wärmeleitende Verbindung besteht. Unter
diesen Verhältnissen war die Temperatur an der Grenzstelle
t_E berechnet worden.

Die praktische Ausführung der für die Rechnung zugrunde gelegten Einführungsart ist vielfach nicht möglich.[2]
Das Thermometerrohr wird entweder in eine Metallwand eingeschraubt bzw. eingeschweißt oder in Wänden aus schlecht
leitenden Materialien befestigt (Ziegelwand u. dgl.).

---

[1] Vgl. die experimentelle Bestätigung bei M. Q u a c k , Zeitschr.
d. Bayer. Rev. Ver. 19 (1925), S. 5.

[2] Die Annahmen der Rechnung sind jedoch oft erfüllt bei
der im folgenden Abschnitt C) besprochenen Wärmeableitung durch
Thermometer, die in Thermometerrohre eingesetzt sind.

Ist die Temperatur t_w der Wand, mit welcher das Thermometerrohr durch seine Befestigung in wärmeleitende Verbindung gebracht werden soll, zufällig die gleiche wie die unter den oben gemachten Angaben erhaltene Temperatur der Grenzschicht t_E, so treffen die errechneten Fehler ohne weiteres zu. Ist $t_E > t_w$, so vergrößert sich der Fehler gegenüber der Rechnung, weil, namentlich bei Metallwänden, dadurch t_E ganz oder nahezu auf den Betrag t_w herabgedrückt und damit die Wärmeableitung vergrößert wird. Ist jedoch infolge sehr starker Ableitung durch den herausragenden Teil $t_E < t_w$ (z. B. in einer Rohrwand aus Ziegeln), so tritt das Gegenteil ein.

Die Befestigung des Thermometerrohres in der Wand kann also die Temperatur t_E der Grenzschicht sowohl erniedrigen als auch erhöhen und daher den Meßfehler $(t_g - t')$ sowohl vergrößern, als auch verkleinern. In letzterem Falle ist also die oben (S. 45) für ein ganz eintauchendes Thermometerrohr empfohlene Zwischenschaltung einer isolierenden Schicht zwischen Thermometerrohr b und Rohrleitung a (Abb. 6) nicht anzuraten, sondern im Gegenteil zu vermeiden.

Unabhängig von diesen besonderen Verhältnissen kann man den Meßfehler stets dadurch vermindern, daß man die Befestigungsstelle des Thermometerrohres und, wo möglich, auch den herausragenden Teil des Meßinstrumentes und seiner Armatur außen mit einem Wärmeschutzstoff umkleidet.

Auf andere Weise kann man einen ungünstigen Einfluß der Befestigungsstelle in zahlreichen Fällen auch dadurch verhindern, daß man irgendwie geformte Flächen in das Gas hineinragen läßt und metallisch mit der Stelle verbindet, an welcher das Thermometerrohr in die Wand eingesetzt ist. Hierdurch erfolgt eine künstliche Heizung der Wand des Thermometerrohres und damit in allen Fällen eine Verringerung der Wärmeableitung. Eine geeignete Vorrichtung wird im § 8, S. 83 beschrieben.

C) Der Wärmeaustausch zwischen Thermometerrohr und Thermometer.

Bei den Betrachtungen des Teiles (A) war angenommen worden, daß vom Thermometerrohr aus keine Wärmeabgabe an das in ihm befindliche Thermometer stattfinden soll, und

daß außerdem vom Thermometer die Temperatur t' der tiefst-
eintauchenden Stelle des Thermometerrohres angegeben wird.
Diese für die theoretische Berechnung erforderliche Voraussetzung trifft in der Praxis oft nicht zu, woraus sich weitere
Fehlermöglichkeiten ergeben.

a) Meßgeräte ohne Wärmeableitung.

Ziemlich einfach liegen die Verhältnisse bei Meßgeräten
ohne wesentliche Wärmeableitung, wie hauptsächlich allen
Arten von Glasthermometern. Bei diesen ist folgendes zu
beachten:

Der temperaturempfindliche Teil des Thermometers soll
möglichst die Temperatur t' der Abschlußfläche des Thermometerrohres anzeigen, und es ist daher im allgemeinen ein
großes, nach der Längsrichtung des Thermometerrohres sich
erstreckendes Gefäß der Thermometerflüssigkeit zu vermeiden.
Denn da die Temperatur längs der Rohrachse stark sinkt,
würde man nicht t', sondern einen niedrigeren Mittelwert messen.

Aus dem gleichen Grunde soll das Thermometerrohr zum
Zwecke des guten Wärmeaustausches mit dem Thermometer
nicht höher mit Öl oder anderen, die Wärmeübertragung be-
günstigenden Stoffen gefüllt werden, als zum Eintauchen des
Thermometergefäßes gerade notwendig ist.[1])

Da die Thermometer im vorliegenden Falle nur wenig in
das Gebiet der zu messenden Temperatur eintauchen, so haben
sie einen sehr langen »herausragenden Faden« (vgl. S. 124), zu
dem entgegen der üblichen Auffassung auch noch der im
Thermometerrohr befindliche Teil der Kapillare gehört. Zur
Bestimmung der Fadenkorrektur eignet sich hier das Mahlke-
sche Thermometer (s. S. 124) ganz besonders gut, welches
wohl die einzige Möglichkeit zur richtigen Fadenkorrektion
des Thermometers bietet.

b) Meßgeräte mit Wärmeableitung.

Zu den Meßgeräten mit Wärmeableitung gehören die elektrischen Thermometer, also Thermoelemente und Widerstandsthermometer. Zunächst gelten für sie die gleichen Gesichtspunkte wie für das Glasthermometer. Da das Widerstands-

---

[1]) Vgl. die Versuche von R e i h e r und C l e v e S. 91.

thermometer stets einen größeren Raum für seinen temperaturempfindlichen Teil beansprucht als das Thermoelement, ist
es diesem gegenüber im Nachteil und verhält sich annähernd
wie das Glasthermometer. Es gibt nicht die Temperatur t'
an, sondern eine je nach seiner Baulänge niedrigere. Das
Thermoelement dagegen wird von der Temperatur t' allein
beeinflußt, namentlich wenn das Thermometerrohr am eintauchenden Ende spitz zuläuft.

Über diese in der räumlichen Ausdehnung des temperaturempfindlichen Teiles des Thermometers begründete Fehler-
möglichkeit lagert sich bei den elektrischen Thermometern
noch der Fehler der Wärmeableitung durch die Zuführungsdrähte. Hierfür gelten in qualitativer Hinsicht die oben bei
teilweise herausragenden Armaturrohren besprochenen Verhältnisse.

Die von den Drähten abgeführte Wärmemenge ruft zwischen Thermometerrohr und Thermometer eine Temperaturdifferenz hervor, die um so größer ist, je schlechter die Wärme
zwischen beiden übertragen wird. Starke Isolierschichten zum
Schutze der Drähte vor mechanischen Beschädigungen oder
Einschmelzen der Drähte in Glas wirken demnach durchaus
schädlich. Außerdem muß die wärmeaufnehmende Oberfläche
im Verhältnis zum wärmeleitenden Querschnitt möglichst
groß sein.

Leider lassen sich all diese Maßnahmen in ihrem Ein-
flusse quantitativ nur schwer und nur unter praktisch nicht
voll zutreffenden Verhältnissen errechnen; nur systematische
Versuche[1]) können die zweckmäßigste Bauart feststellen, der
sich dann die in den Handel zu bringenden Instrumente an-
zuschließen haben.

---

[1]) Erfreulicherweise sind sie z. B. von M o e l l e r schon in Angriff genommen worden. (Siemens-Zeitschrift 6 (1926), S. 65.)

II. TEIL.

Anwendungen der Thermometer in der Praxis.

———

§ 5. Temperaturmessung in festen Körpern.

Welches Instrument zur Temperaturmessung in einem festen Körper am besten geeignet ist, richtet sich nach der besonderen Art des Körpers und der Temperaturverteilung in ihm. Denn die Versuchsbedingungen sind z. B. wesentlich andere, wenn die Temperatur in verschiedener Tiefe des Erdbodens oder innerhalb einer den Wärmeverlust eines Dampfrohres verhindernden Isolierung bestimmt werden soll. Im ersteren Falle ist die räumliche Veränderlichkeit der Temperatur nur gering, die Zugänglichkeit des Beobachtungsortes sehr erschwert, im anderen Falle die Meßstelle leicht erreichbar, das Temperaturgefälle (d. h. die Temperaturänderung pro Längeneinheit) aber so groß, daß die Temperatur in einzelnen »Punkten« gemessen werden muß.

A) Messungen im Erdboden.

Die älteste Methode ist diejenige, daß man ein Bohrloch in den Boden treibt, in dieses ein Quecksilberthermometer hineinhängt und dessen Temperatur nach dem Herausziehen abliest. Damit sich die Temperatur des Instrumentes während des Heraufholens und Ablesens nicht ändert, wird das Quecksilbergefäß mit einem Material umgeben, das eine große Wärmekapazität hat und die Wärme schlecht leitet.[1] Man vergrößert also künstlich die Trägheit des Thermometers (vgl. S. 115). — Diese Anordnung hat den Nachteil, daß das Bohrloch ständig offen bleiben muß, so daß durch die von

———

[1] Das Material ist so zu wählen, daß die sog. Temperaturleitfähigkeit $= \dfrac{\text{Wärmeleitzahl}}{\text{spez. Gewicht} \times \text{spez. Wärme}}$ möglichst gering ist.

oben eindringende Luft die Temperaturverteilung in der Nähe der Meßstelle dauernd gestört wird.

Vorteilhafter ist daher die Anwendung des Widerstandsthermometers oder Thermoelementes, nach deren Einbringung das Bohrloch wieder aufgefüllt werden kann, weil diese Instrumente zum Zweck der Ablesung nicht herausgezogen zu werden brauchen. Die elektrischen Temperaturmeßgeräte verbleiben allerdings dauernd im Erdboden und sind daher für anderweitige Messungen nicht mehr verwendbar. Dieser Nachteil kommt aber nicht allzusehr in Betracht, da der Materialwert, namentlich bei den Thermoelementen, nicht sehr groß ist und bei Dauerbeobachtungen (z. B. für geologische Zwecke) ein Verbleiben der Instrumente im Erdboden ohnehin wünschenswert ist. Die im Boden verlegten Drähte müssen gegen Erdfeuchtigkeit und andere zerstörende Einflüsse in der in der Elektrotechnik üblichen Weise (z. B. durch Bleiarmierung) geschützt werden.[1])

B. Messungen in Körpern beschränkter Ausdehnung.

Von den Messungen im Erdboden unterscheiden sich diejenigen in Körpern geringerer Ausdehnung meist dadurch, daß das Temperaturgefälle in ihnen sehr groß ist, sich also die Temperatur von Punkt zu Punkt merklich ändert. Das Instrument muß daher imstande sein, die Temperatur auch wirklich in einzelnen Punkten zu bestimmen.

Für diese zahlreichen Fälle sind die Flüssigkeitsthermometer wenig geeignet, da man zu ihrem Einbringen einen verhältnismäßig weiten Kanal hineinbohren und alsdann den Zwischenraum zwischen dem Thermometer und der Kanalwand nachträglich wieder mit dem herausgenommenen Material ausfüllen muß. Durch diese Maßnahmen kann aber die Temperaturverteilung im festen Körper unter Umständen wesentlich gestört werden. — Die Flüssigkeitsthermometer bestimmen außerdem wegen ihrer räumlichen Ausdehnung immer nur die mittlere Temperatur eines ausgedehnteren

---

[1]) Für Messungen in der Tiefe von einigen Metern ist eine Anordnung von K. Hencky, Zeitschr. f. d. gesamte Kälteindustrie, 1915, S. 79, beschrieben.

Bereiches, aber nicht die wahre Temperatur eines einzelnen Punktes. Von den Widerstandsthermometern gilt das gleiche.

Zur Messung der Temperatur an einem bestimmten Punkt ist nur das Thermoelement geeignet, weil es zu seinem Einbringen den geringstmöglichen Raum beansprucht.

Angenommen, die Temperatur, die gemessen werden soll, sei höher als diejenige der Umgebung, so tritt durch Einbringen der Lötstelle des Elementes eine Ableitung von Wärme durch die Drähte ein, welche teils durch diese selbst fortströmt, teils durch deren Oberfläche an die Umgebung übergeht. Es muß nun, wie bereits in § 1 (S. 13) erwähnt wurde, verhindert werden, daß die hierdurch bedingte Störung des Temperaturfeldes im festen Körper sich bis zur Meßstelle ausbreitet.

Man übersieht sogleich, daß die daselbst hervorgerufene Temperatursenkung wesentlich davon abhängt, ob der feste Körper die Wärme gut oder schlecht leitet, ob er also z. B. ein Metall oder ein Wärmeisolator ist. Denn die durch die Drähte abgeleitete Wärme, die doch aus dem festen Körper selbst stammt, braucht, um aus ihm zur Lötstelle hinzuströmen, ein desto größeres Temperaturgefälle, also eine desto größere Temperaturdifferenz zwischen Lötstelle und deren Umgebung, je geringer die Wärmeleitzahl des festen Körpers ist. Während daher innerhalb eines gutleitenden Metalles durch ein eingebrachtes Thermoelement eine verhältnismäßig kleine Störung der Temperaturverteilung hervorgerufen wird, kann sie in einem Isolator bei ungeeignetem Einbau recht beträchtlich sein.

Eine aus dem Isoliermaterial gebildete, in Abb. 7a und 7b schematisch skizzierte Kugel enthalte in ihrem Mittelpunkte einen elektrisch erwärmten Heizkörper, so daß die Temperatur vom Mittelpunkt gegen die Oberfläche zu abnimmt. Sind die Drähte eines Thermoelementes radial (wie in Abb. 7a), also in die Richtung des Temperaturgefälles gelegt, so wird die fortströmende Wärme gerade derjenigen Stelle des festen Körpers entzogen, deren Temperatur bestimmt werden soll. Notwendigerweise wird bei dieser Anordnung die Temperatur zu tief gemessen. Das Thermoelement muß vielmehr tangential (wie in Abb. 7b) so verlegt werden, daß es mehrere Zentimeter in einer Fläche (»Niveaufläche«) verläuft, welche die gleiche Temperatur wie die Meßstelle hat, also auf einer durch diese gelegten, der äußeren Kugel konzentrischen Kugelfläche.

Auch bei dieser Art der Verlegung strömt unvermeidlich wegen des in den Elementendrähten vorhandenen Temperaturgefälles Wärme aus dem Isolator in die Drähte ab. Sie fließt aber den Drähten hauptsächlich von solchen Stellen des Körpers zu, welche, wie die Pfeile der Abb. 7b zeigen,

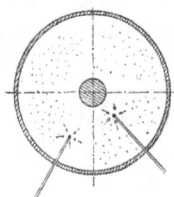

Abb. 7 a.   Abb. 7 b.
Falsche Führung   Richtige Führung
der Thermoelementendrähte.

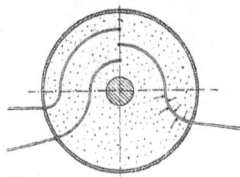

von der Beobachtungsstelle weiter entfernt liegen. Infolgedessen macht sich die Wärmeableitung nicht bis zu der Umgebung der Lötstelle geltend und erzeugt hier auch keine Temperatursenkung. Das Thermoelement mißt also richtig die an der betreffenden Stelle des Körpers herrschende Temperatur.

Nach Versuchen von Nußelt[1]) zeigten von zwei Elementen aus Eisen-Konstantan, die in Kieselgur eingebettet waren, das tangential gelegte 116,3⁰, das radial liegende 74,9⁰ C. Die Differenz betrug also 41,4⁰.[2])

Die besprochenen Überlegungen werden experimentell bestätigt durch Versuche von Hausen[3]), welcher die Tem-

---

[1]) W. Nußelt, Forschungsarb. a. d. Gebiete d. Ingenieurwesens, Heft 63/64 (1909), S. 24.

[2]) Als ein Beispiel der Temperaturmessung in einem metallischen Körper sei die von Eisenbahnschienen erwähnt, welche von einer elektrischen Bahn befahren werden (vgl. Osc. Knoblauch und K. Hencky, Gesundheitsingenieur, 1918, S. 389.)

[3]) H. Hausen, erscheint demnächst im Archiv f. Wärmewirtschaft u. Dampfkesselwesen 1926.

peratur in festen Körpern (vgl. Abb. 8) mit Thermoelementen
b aus Kupfer-Konstantan maß, die von der horizontalen Oberfläche aus in enge Bohrungen verschieden tief eingeschoben
wurden. Die lichte Weite der 7 cm tiefen Bohrung war so
klein (nur 2 mm) gewählt, daß das Element gerade noch ohne

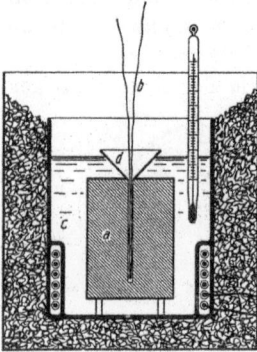

Schwierigkeit eingeschoben werden konnte. Die zylindrischen
Körper a von 6 cm Durchmesser
und 8 cm Höhe tauchten in ein
elektrisch geheiztes Ölbad c ein.
Die Versuchskörper aus Kork,
Eichenholz und Gips waren zum
Schutze gegen das Öl mit einem
Messingblech umkleidet. An diesem war oberhalb der Bohrung
ein Blechtrichter d angelötet, damit das Öl auch die horizontale
Oberfläche gut bespülte. Die Öl-
temperatur wurde je in 3 auf-

Abb. 8.

einander folgenden Versuchen 44°, 75° und 120° höher als die
Zimmertemperatur eingestellt.

Die Wärmeableitung durch die Elementendrähte nach außen
bedingt eine Störung des Temperaturfeldes in dem zu untersuchenden Körper, also eine Temperatursenkung an der Meßstelle und außerdem auch einen Temperaturunterschied zwischen
der Lötstelle und deren Berührungspunkt mit der Bohrung.
Der dadurch bedingte Meßfehler ist um so größer, je
kleiner die Wärmeleitzahl λ des festen Körpers und je kleiner
die Eintauchtiefe der Lötstelle des Thermoelementes ist.
Untersucht wurde außer Kork ($\lambda = 0,04$), Eichenholz ($\lambda =
0,15$) und Gips ($\lambda = 1$) noch Eisen ($\lambda = 60$). — Bei einer Über-
temperatur $t = 75°$ C über die Außenluft ergaben sich z. B.
folgende Meßfehler:

Eintauch-tiefe	Kork	Eichen-holz	Gips	Eisen
2 cm	32,2°	17,7°	9,4°	3,2°
4 cm	18,6°	8,5°	2,8°	0,3°
7 cm	9,0°	2,4°	0,3°	0,0°

Aus den Versuchen von Hausen ist zu entnehmen, daß eine Verminderung des Meßfehlers bis auf 0,1⁰ für 75⁰ Übertemperatur bei Eisen durch eine Eintauchtiefe von 4,4 cm, bei Kork dagegen (wie durch eine Extrapolation gefunden wurde) erst durch eine solche von 21 cm erreicht wird.

§ 6. Bestimmung von Oberflächentemperaturen an festen Körpern.

Die bisher behandelten Fälle betrafen Temperaturmessungen in Raumpunkten, die sich von ihrer Umgebung nicht unterscheiden. Davon weicht der Fall ab, daß die Temperatur einer Trennungsfläche, so z. B. der Oberfläche eines festen Körpers, bestimmt werden soll, die an ein Gas grenzt.

Die Temperatur ändert sich dann im allgemeinen von der Oberfläche in Richtung nach dem umgebenden Gase räumlich sehr rasch, das Temperaturgefälle ist also sehr groß; bereits in geringem Abstande von der Oberfläche herrscht eine merklich andere Temperatur als an der Oberfläche selbst.

Dies ist bei Temperaturbestimmungen an der Oberfläche zu berücksichtigen und führt zu einer ersten, von einem brauchbaren Meßinstrument unbedingt zu erfüllenden Forderung, daß es mit seinem temperaturempfindlichen Teil die Oberfläche innig berühren muß und von der Temperatur des angrenzenden Gases nicht beeinflußt werden darf. — Das Instrument müßte daher eigentlich keine räumliche, sondern nur eine flächenmäßige Ausdehnung haben.

Eine zweite wichtige Forderung ist die, daß das Meßinstrument an der Meßstelle keine Temperaturänderung hervorruft, entweder indem es Wärme von dieser Stelle ableitet oder ihr zuführt, oder indem es die Wärmeübergangsverhältnisse von der Oberfläche an das umgebende Gas verändert.

Während bei Nichtbeachtung der ersten Bedingung das Meßinstrument überhaupt nicht völlig in die Temperaturzone eintaucht, in der die Messung erfolgen soll, wird bei Außerachtlassung der zweiten Bedingung gar nicht die gesuchte, ursprüngliche Temperatur, sondern die durch das Meßinstrument dauernd gestörte Temperatur bestimmt (vgl. S. 3).

A) Flüssigkeits-Oberflächenthermometer.

Gegen die erste Forderung verstoßen vor allem sämtliche Flüssigkeitsthermometer. Denn es ist äußerst schwierig, dem Quecksilbergefäß eine solche Form zu geben, daß es die Oberfläche innig berührt und von der Temperatur des umgebenden Gases unbeeinflußt bleibt. Es kommt hinzu, daß das die Temperatur messende Quecksilber von der zu untersuchenden Oberfläche durch das wärme-isolierende Glas getrennt ist.

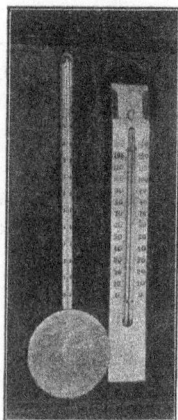

Abb. 9.

Diese Nachteile hat man z. B. durch die vier abgebildeten Formen zu vermeiden gesucht. Bei der Abb. 9 links ist das Quecksilbergefäß eines Thermometers normaler Form in ein flaches Gefäß eingesetzt, das mit Öl gefüllt ist und mit einem die Wärme gut leitenden Zapfen in eine Vertiefung der zu messenden Oberfläche eingefügt wird. In dem Thermometer der Abb. 9 rechts hat das Gefäß die aus Abb. 10 ersichtliche flache Form, welche die Berührung verbessern soll. In Abb. 9 sind diese beiden Thermometer bei der Anwendung an einem Kachelofen abgebildet, dessen wahre Oberflächentemperatur mit dem unten (S. 61) beschriebenen Thermoelemente bestimmt worden ist. Ein Versuch ergab, daß beide genannten Formen nicht empfohlen werden können, denn statt der Temperatur 52⁰ zeigte das Thermometer Abb. 9 links um 7,8⁰, das Thermometer Abb. 9 rechts um 7,7⁰ im Mittel zu wenig.

In der Ausführung der Abb. 11 besitzt das Quecksilbergefäß die Form einer spiralig gewickelten Kapillare. Das für die Wirkungsweise maßgebende Verhältnis der wirklichen Berührungsfläche zur gesamten Oberfläche des Quecksilbergefäßes ist auch bei diesem Thermometer noch ein ungünstiges. Ein solches Thermometer zeigte bei einer Kontrollmessung an einer Metallwand von 100⁰ nur eine Temperatur von 80⁰ an, besaß also einen Fehler von 20⁰.

Um die Wärmeabgabe an die Umgebung zu verhindern, hat man die Quecksilberspirale mit einer Schutzhaube versehen (vgl. Abb. 12). Durch diese wird die Abkühlung durch vorbeiströmende kühle Luft und durch Abstrahlung an die kälteren Körper der Umgebung vermindert.

Abb. 10.   Abb. 11.   Abb. 12.

Fehlerhafte Formen von Oberflächenthermometern.

Es mag dahingestellt bleiben, ob und in welchem Betrage diese Quecksilberthermometer, besonders das mit der Schutzhaube, an der Stelle der Oberfläche, auf die sie aufgesetzt werden, die ursprünglich dort herrschende Temperatur verändern, indem sie an der betreffenden Stelle die Wärmeabgabe beeinflussen.

B) Oberflächen-Thermoelement.

Wesentlich günstigere Ergebnisse lassen die elektrischen Meßverfahren von Temperaturen mit Thermoelementen und Widerstandsthermometern erwarten. Denn man kann bei diesen viel leichter den obengenannten Bedingungen Rechnung tragen, daß erstens eine gute Wärmeübertragung von der Oberfläche an das Meßinstrument stattfindet, daß ferner dessen temperaturempfindliche Teile nur wenig von der Oberfläche abstehen, und daß endlich das Meßinstrument keine Störung der Oberflächentemperatur selbst hervorruft.

Nachstehend sei ein Oberflächen-Thermoelement[1]) eingehender beschrieben. Seine Wirkungsweise wird am leichtesten verständlich, wenn man die Grundsätze seiner Konstruktion nach und nach verfolgt. Dabei sei angenommen, daß die Temperatur einer warmen Fläche gemessen werden soll.

Bei der Verwendung von Thermoelementen muß nach dem oben Gesagten nach Möglichkeit jede Wärmeableitung durch die Elementendrähte von derjenigen Stelle, deren Tem-

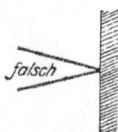
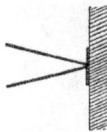

Abb. 13 a.   Abb. 13 b.   Abb. 13 c.

peratur gemessen werden soll, vermieden werden. Die Wärme wird dabei von den Drähten aufgenommen und teils von ihnen selbst fortgeleitet, teils von ihrer Oberfläche an die umgebende Luft abgegeben.

Am ungünstigsten für die Messung wäre daher der Fall, daß man die Lötstelle in der in Abb. 13 a gezeichneten Weise an die Fläche andrückte und die Drähte senkrecht zu ihr fortleitete. Denn in unmittelbarer Nähe der Lötstelle würden die Drähte in das an der Oberfläche anliegende Gebiet des großen Temperaturgefälles eingebettet sein, daher viel Wärme fortleiten und diese in vollem Betrage gerade dem Flächenteil entziehen, dessen Temperatur gemessen werden soll, nämlich der kleinen Berührungsfläche der Lötstelle mit der zu messenden Fläche. — Die Anordnung ist daher als falsch zu bezeichnen.

---

[1]) K. Hencky, Gesundheitsing., 1918, S. 91.

Der störende Einfluß der Wärmeableitung wird wesentlich vermindert, wenn man die Berührungsfläche der Lötstelle dadurch vergrößert, daß man sie an eine dünne, matte Metallplatte (etwa aus Kupfer) anlötet (Abb. 13b). Führt man die Drähte in der gleichen Weise fort wie beim ersten Falle, so ist die abgeleitete Wärme annähernd die gleiche. Sie wird aber jetzt einem Teile der Oberfläche entzogen, der im Verhältnis des Querschnittes der Kupferplatte zu dem der zwei Drähte vergrößert ist. Im gleichen Verhältnis ist also die jedem einzelnen Teile der Berührungsfläche entzogene Wärme vermindert und daher auch die durch den Wärmestrom hervorgerufene Temperaturdifferenz verkleinert. Die durch das Anlegen des Elementes an der Berührungsstelle erzeugte Abkühlung ist also jetzt schon wesentlich verringert worden.

Endgültig zum Verschwinden gebracht wird sie dadurch, daß man die Drähte nicht senkrecht zur Oberfläche fortleitet, sondern sie etwa 10 cm ihr parallel laufen läßt, um ihnen auf dieser Strecke die Temperatur zu geben, welche die Meßstelle hat (vgl. Abb. 13c).

Auch bei dieser Drahtführung findet selbstverständlich eine Wärmeabführung durch die Drähte statt. Die Wärme tritt aber jetzt in diese zum überwiegenden Teile durch die Berührungspunkte solcher Teile der Elementendrähte mit der zu untersuchenden Oberfläche ein, welche von der eigentlichen Meßstelle schon weiter entfernt sind. Auf diese Weise wird erreicht, daß die Wärmeableitung durch die Elementendrähte keine Einwirkung bis zur Lötstelle selbst ausübt.

Mit einem aufgesetzten Griff oder zugespitzten Holz- oder Hartgummistabe wird das Oberflächenthermoelement an die betreffende Oberfläche angedrückt. Um eine Wärmeableitung durch den Griff zu vermeiden, muß dieser aus einem schlechten Wärmeleiter bestehen und eine möglichst kleine Berührungsfläche mit dem Kupferplättchen haben.[1]

In entsprechender Weise läßt sich ein elektrisches Widerstandsthermometer flächenförmig ausbilden. Gegen die zu untersuchende Oberfläche muß es natürlich elektrisch isoliert sein.

---

[1] Vgl. S. 65, Fußnote 2.

Eine experimentelle Bestätigung obiger Überlegungen liefern Beobachtungen von H. Reiher.[1]) Sie sind an der horizontalen, oberen Oberfläche von Klötzen aus Kork, Holz und Kupfer angestellt, welche von der Unterseite her geheizt wurden. Entsprechend den Abb. 13a, b, c war folgende Anordnung der Thermoelemente getroffen:

a) gewöhnliche Lötstelle, ohne Plättchen, mit direkter Abführung der Drähte;

b) Lötstelle mit Plättchen und direkter Abführung der Drähte;

c) Lötstelle mit Plättchen und Fortleitung der Drähte auf 10 cm im Temperaturbereich der Lötstelle.

Bei einer Lufttemperatur von 15° C ergaben sich folgende Messungen:

	a	b	c
Kork . .	23,0	32,4	35,4°
Holz. . .	25,6	34,3	35,4°
Kupfer .	31,9	34,5	35,5°

Die Anordnung (c) liefert die richtige Temperatur. Der Meßfehler wächst, wie vorauszusehen, mit der Abnahme der Wärmeleitzahl des Materiales und steigt für Kork bei der Anordnung (a) bis auf 12,4° C.

Gegen die Anwendung des beschriebenen Thermoelementes könnte eingewendet werden, daß es wohl diejenige Temperatur richtig angibt, welche auf der betreffenden Oberfläche nach dem Aufsetzen des Elementes herrscht, daß diese Temperatur aber nicht identisch ist mit derjenigen, welche vor dem Aufsetzen dort geherrscht hat. Mit anderen Worten: man könnte vermuten, daß durch das Aufsetzen des Elementes die Temperatur verändert wird, weil hierdurch der Wärmestrom in dem warmen Körper und die Wärmeübertragung an die umgebende Luft beeinflußt worden ist.

Die Beurteilung aller zur Vermeidung dieses Fehlers zu treffenden Maßnahmen ergibt sich aus den für den Wärmedurchgang in § 1 und § 2 abgeleiteten Gesetzmäßigkeiten. Nach diesen ist der Wärmestrom durch eine Wand bedingt

---

[1]) Erstmalig veröffentlicht im Archiv für Wärmewirtschaft, 1923, S. 17 im »Merkblatt für Temperaturmessungen«.

durch die Widerstände, die er auf seinem Wege zu überwinden hat. Der Gesamtwiderstand setzt sich dabei als Summe aus den Wärmeübergangswiderständen und den Wärmeleitwiderständen zusammen.

Dieser Gesamtwiderstand ist maßgebend für die in der Zeiteinheit die Flächeneinheit durchdringende Wärmemenge und auch für die Temperatur an der Oberfläche. Er würde nun durch Aufsetzen des Thermoelementes geändert,

1. wenn die Scheibe eine wärme-isolierende Wirkung ausübt,

2. wenn sie eine wesentliche Vergrößerung der Oberfläche hervorruft,

3. wenn die Wärmeübergangszahl vom Instrument an die Luft mit der vom Körper an die Luft nicht übereinstimmt.

Die unter Punkt 1 und 2 genannten Verhältnisse kommen bei dem vorliegenden Instrument nicht zur Wirkung, weil das Plättchen aus gutleitendem Kupfer besteht und seine Stärke gleich einem Bruchteil von 1 mm gemacht werden kann, so daß die wärmeabgebende Oberfläche nicht merklich vergrößert wird.

Bei Punkt 3 ist zu berücksichtigen, daß die Wärmeabgabe zum Teil durch Strahlung erfolgt und daher von der Strahlungszahl des betreffenden Körpers abhängt. Ihr Wert ist jedoch nach neueren experimentellen Bestimmungen[1] für viele Stoffe bis zu Temperaturen von 100⁰ so wenig verschieden, daß merkliche Fehler durch das Auflegen des Kupferblättchens bei Messungen in der Praxis nicht zu befürchten sind. (Vgl. die Zahlentafel 3 der Strahlungszahlen auf S. 174.)

Mit Rücksicht auf die bei Messungen an der Oberfläche schlecht leitender Stoffe verzögerte Wärmezufuhr zum Instrument sei hier besonders auf die Bemerkungen über die Einstellungsträgheit der Thermometer in § 10 hingewiesen.

Die Anwendbarkeit der beschriebenen Oberflächenelemente ist wegen ihrer Konstruktion auf das Gebiet niederer und

---

[1] E. Schmidt, erscheint demnächst in den Beiheften zum Gesundheitsingenieur.

mittelhoher Temperaturen bis etwa 150⁰ C beschränkt, da die
zur elektrischen Isolierung der Drähte benutzte Seidenumspinnung bei höheren Temperaturen zerstört wird.

Bei hohen Temperaturen ist die elektrische Isolierung
der Elementendrähte statt durch Seide mit Asbest oder
Glimmer auszuführen. Eine
einfache, leicht herstellbare
Meßanordnung ist in Abb. 14
gegeben.

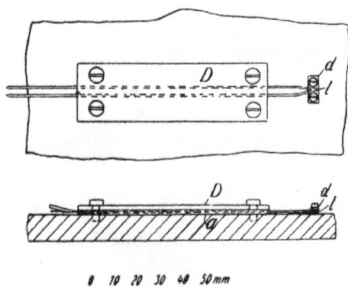

Abb. 14.
Messung an heißen Metallflächen.

Die Lötstelle l des Thermoelementes wird durch ein
kleines, dünnes Deckplättchen d mittels kleiner Schrauben z. B. auf einer Metallwand
befestigt. Die Elementen-
drähte selbst werden zwischen
zwei möglichst dünne Lagen a
aus Asbestpappe, oder noch
besser aus Glimmer gelegt und mittels der Deckplatte D auf
die Metallwand gepreßt. Die beiden Platten d und D sind aus
dem Material der Metallwand auszuführen und in einer Entfernung von ca. 2 bis 3 cm voneinander anzubringen.

Die beschriebene Art der Anbringung bedingt keine Änderung der ursprünglichen Oberflächentemperatur. Denn das
Plättchen d übt wegen der geringen Dicke keine wärme-isolierende Wirkung aus und verändert auch nicht die Wärmeabgabe an die Umgebung, da die Wärmeübergangszahl wegen
der Gleichheit des Materiales ungeändert ist.

Auch beim Plättchen D ist aus dem gleichen Grunde
die Wärmeabgabe dieselbe geblieben, hingegen vermag die
Asbest- oder Glimmerisolierung eine geringe Temperatursteigerung hervorzurufen. Diese kommt aber bis zur Lötstelle nicht zur Wirkung, da sie sich in dem Raume zwischen
d und D mit der Umgebungstemperatur ausgleichen kann.

Die Größe der unter D eintretenden Temperatursteige-
rung ist aus den Beispielen 1 a, β und 1 b, β in § 2, B (S. 19 ff.)
ersichtlich; sie betrug bei der dort gemachten Annahme nur
0,7⁰ und 0,03⁰ bei 100⁰ Übertemperatur über die Umgebung.
Falls eine solche Störung für die Temperatur der Lötstelle

vernachlässigt werden darf, könnte man statt der Anordnung nach Abb. 14 die einfachere der Abb. 15 zur Anwendung bringen, bei welcher die Lötstelle unter dem Deckplättchen D, jedoch außerhalb der Asbestpappe liegt.

Ist zu befürchten, daß die Vergrößerung der Oberfläche (Seitenfläche der Deckplatte, Schrauben) den Wärmeübergang erhöht und dadurch die Temperaturmessung fälscht, wie z. B. bei großer Geschwindigkeit eines die Wand bespülenden Gases, so

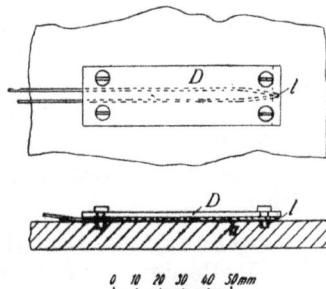

Abb. 15.
Messung an heißen Metallflächen.

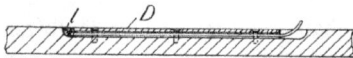

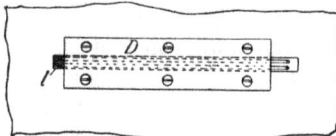

können bei Metallwänden die Elemente in die Wand hineinverlegt werden[1]), wie es z. B. Abb. 16 zeigt. Bei l befindet sich die Lötstelle; die Drähte liegen in einer Nut, welche durch die Platte D abgedeckt ist. Auch die Schrauben sind versenkt. Infolge der guten Wärmeleitung im Metall wird durch die Einlagerung des Elementes die Temperaturverteilung in jenem nicht wesentlich geändert.[2])

Abb. 16.
Messung an heißen Metallflächen.

Bei Messung der Oberflächentemperatur von wasserdurchströmten Rohren, die von außen von heißer Luft getroffen wurden, und bei denen das Strömungsfeld an der Rohroberfläche durch das Meßinstrument nicht gestört

---

[1]) H. Rietschel, Mittlg. d. Prüf.-Anst. f. Heiz.- u. Lüftungs-Einrichtg. a. d. Techn. Hochsch. Berlin, Heft 3 (1910), S. 17.

[2]) Eine andere Art der Bestimmung von Oberflächentemperaturen hat van Rinsum angegeben. Forsch.-Heft 228 (1920), S. 29, und Z. d. V. d. I. 1918, S. 604.

werden durfte, legte H. Reiher[1]) Kupfer-Konstantan-Thermo-
elemente von nur 0,1 mm Durchmesser in 0,2 mm breite und
ebenso tiefe Nuten, die in der Längsrichtung der Rohroberfläche eingefräst waren. Die Lötstelle wurde in einer kleinen
Vertiefung eingelötet und geglättet. Durch Verstreichen der
Nuten mit Kitt wurde erreicht, daß keine Änderung der Ober-
flächenbeschaffenheit der Rohre in einer das Versuchsergebnis
beeinflussenden Stärke eintrat. Die Thermoelemente zeigten
infolge dieses Einbaues die richtige Temperatur der Meßstellen an.

C) Anwendung der Oberflächentemperatur-Messung
an Stelle der Messung von Innentemperaturen.

Die Messung von Oberflächentemperaturen hat deshalb
noch ein besonderes Interesse, weil sie unter Umständen die
Bestimmung der Temperatur an einer schwer zugänglichen
Stelle im Innern eines Körpers ersetzen kann.

Anwendungsmöglichkeiten dieser Methode finden sich
z. B. bei gleichmäßig temperierten Metallen[2]) und bei Ge-
weben von geringer Dicke.[3])

Besonders oft und vorteilhaft kann man von dem obigen
Gedanken bei der Temperaturbestimmung von Flüssigkeiten
und gesättigten Dämpfen Gebrauch machen[4]). Wie nämlich die Berechnungen des § 2 B, 1 b gezeigt haben, weicht die
Temperatur der Oberfläche von Rohren, die von Flüssigkeiten
oder gesättigten Dämpfen durchströmt werden, wenig von der
Temperatur der letzteren ab. Man kann daher die Bestimmung
der Flüssigkeits- oder Dampftemperatur sehr angenähert durch
eine Messung der Oberflächentemperatur ersetzen.

Will man den geringen Unterschied zwischen Rohr- und
Innentemperatur zum Verschwinden bringen, so hat man das
Rohr mit einem Wärmeschutzmittel zu umkleiden. In diesem
Falle ist eine Isolierung der Oberfläche nicht nur zulässig,

---

[1]) H. Reiher, Forsch.-Arb. a. d. Gebiete d. Ingenieurwesens,
Heft 269 (1925), S. 16.

[2]) Osc. Knoblauch und K. Hencky, Gesundheitsing. 1918,
S. 389.

[3]) J. Stern, Zeitschr. f. Flugtechnik und Motorluftschiffahrt
1915, S. 145.

[4]) Über die Messung von Innentemperaturen siehe § 8 und § 9.

sondern sogar erwünscht. Die so erhaltene Anordnung ist
zwar als Oberflächenmessung anzusprechen, sie bezweckt aber
in Wirklichkeit eine Innenmessung. Demnach steht die Vor-
nahme einer Isolierung nicht im Widerspruch mit den ein-
leitenden Erörterungen des § 6.

Diese Art der Messung ist in solchen Fällen angezeigt,
in denen sie im Innern sehr umständlich oder nicht ausführbar ist. Auch eignet sie sich stets dann, wenn man sich rasch
die Kenntnis einer Flüssigkeits- oder Dampftemperatur ver-
schaffen will. Z. B. kann auf diese Weise bei einer Kompres-
sionskältemaschine leicht die Unterkühlung der aus dem
Kondensator strömenden Kühlflüssigkeit (z. B. Ammoniak)
bestimmt werden. Hierzu reicht bekanntlich die Druckmes-
sung an den Manometern allein nicht aus.

Das einfachste Mittel zur Oberflächenmessung besteht
darin, daß man die Lötstelle eines Thermoelementes mittels
dünnen Drahtes fest auf das Rohr preßt und sodann die Drähte
noch ein- oder zweimal um das Rohr wickelt, um die durch die
Drähte verursachte Wärmezu- oder -ableitung von der Lötstelle selbst fernzuhalten (s. S. 55 und 60). Um
die Drähte legt man sodann noch eine Isolierung.

Dieses Verfahren hat sich bei der Messung an
einer Warmwasserheizung[1]) gut bewährt. Das Element war an einer Stelle angebracht worden, an
der mittels eines Quecksilberthermometers, das in
die Leitung axial eingesetzt war, die Angaben des
Elementes kontrolliert werden konnten. — Die
Übereinstimmung war eine vollkommene. Die
Wassertemperatur betrug 85⁰ C. — Wurden die
Elementendrähte, ohne um das Rohr gewickelt
zu sein und ohne Isolierung weggeleitet, so zeigte
das Element 1,5 bis 2⁰ zu niedrig.

Will man eine feste Verbindung des Thermoelementes mit der Rohroberfläche vermeiden und
es samt Isolierung abnehmen und anderweitig verwenden
können, so kann man die in Abb. 17 abgebildete Form wählen.
Die spiralig gewickelten Drähte a des Elementes Th sind an

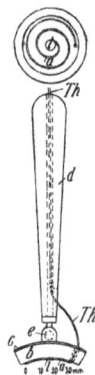

Abb. 17.

---

[1]) K. Hencky, Gesundheitsing., 1918, S. 71 (Fußnote).

eine reichlich dicke Filzschicht b geheftet. Diese befestigt man
auf ein dünnes Plättchen c aus Federstahl, welches einen
passend gewählten Griff d trägt. Der Griff ist in einem Kugel-
gelenk e aufgesetzt und nur soweit als erforderlich aus Metall
hergestellt. Die Elementendrähte samt Lötstelle liegen beim
Anpressen gut an der zu messenden Fläche an und drücken
sich in den Filz ein. Die Filzschicht ersetzt die Isolierung, die
Spiralwindungen das Umwickeln der Drähte um das Rohr.

Es sei nochmals hervorgehoben, daß die soeben beschriebenen Anordnungen für die Bestimmung der wahren Oberflächentemperatur nicht geeignet sind.

D) Apparate zur Prüfung von Oberflächen- thermometern.

Soll die Kontrolle eines zur Messung von Oberflächentemperaturen bestimmten Instrumentes vorgenommen werden, so bedarf man hierzu einer Oberfläche, deren Temperatur bekannt
ist. Zwei hierzu passende Anordnungen sind nachstehend beschrieben.

a) Metallische Oberflächen.

Ein zylindrisches Gefäß aus Messing (Abb. 18) von etwa
15 cm Durchmesser und 20 cm Höhe ist oben durch einen auf-
gelöteten Deckel d von etwa 0,5 mm Dicke
verschlossen. Seitlich befindet sich ein offe-
ner Wasserstand w, der in seinem Teil t
einen Füllstutzen trägt. Nachdem das Gefäß hinreichend hoch mit Wasser gefüllt
ist, wird dieses durch eine Gasflamme zum
gleichmäßigen Sieden gebracht. Der entwickelte Dampf wird im seitlich angebrachten Rückflußkühler k kondensiert.

Infolge der guten Wärmeübertragung
des gesättigten Dampfes ($a \sim 10\,000$) an
den Deckel und dessen geringer Dicke ist
die Temperatur des letzteren gleich der
durch den Barometerstand gegebenen
Siedetemperatur des Wassers. Das zu
kontrollierende Meßinstrument muß bei
richtiger Beschaffenheit diese Siedetemperatur anzeigen.

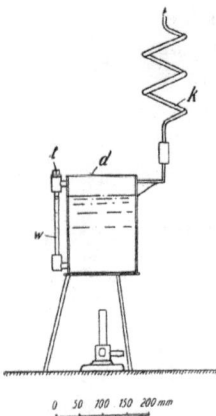

0   50   100   150   200 mm

Abb. 18.
Kontrollapparat zur
Messung auf metal-
lischen Flächen.

b) Nichtmetallische Oberflächen.

An nichtmetallischen Körpern, im allgemeinen also schlechten Wärmeleitern, vergleicht man die mit dem Instrument gemessenen Oberflächentemperaturen mit der, welche durch graphische Extrapolation aus dem im Innern des Körpers gemessenen Temperaturgefälle erhalten wird. Dieser Vergleich bedingt etwa folgende Versuchsanordnung (Abb. 19):

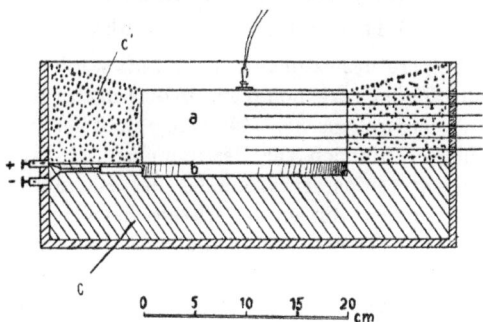

Abb. 19.
Kontrollapparat für Messungen auf schlechten Wärmeleitern.

Ein 6 bis 8 cm hoher zylindrischer Körper a desjenigen Materiales, dessen Temperatur gemessen werden soll, liegt auf einem elektrischen Heizkörper b, welcher durch die Isoliermasse c vor zu starker Wärmeabgabe nach unten geschützt ist. Der Versuchskörper a wird an den Seitenflächen mit lose geschichtetem Isoliermaterial c' umgeben. Das Temperaturgefälle im Innern des einseitig erwärmten Körpers wird durch mehrere übereinander in Abständen von je 10 mm angeordnete Thermoelemente[1]) gemessen, deren Drähte so dünn zu wählen sind, daß sie keine merkliche Störung im Temperaturfelde des Körpers verursachen.

Wenn durch die reichlich bemessene Isolierschicht c' aus besonders schlecht leitendem Material die Wärmeableitung nach den Seiten auf einen sehr geringen Betrag herab-

---

[1]) Die Thermoelemente sind dabei radial herausgeführt in einer Fläche, die mit den Punkten der Lötstelle gleiche Temperatur besitzt (vgl. Abschnitt »Temperaturmessung in festen Körpern« auf S. 55 u. 56).

gedrückt wird, so ist im Dauerzustand die Abhängigkeit der Temperatur vom Abstand von der Oberfläche praktisch eine lineare. Trägt man daher in einem Koordinatensystem diese Abstände als Abszissen, die Temperaturen als Ordinaten auf, so erhält man eine gerade Linie, die eine sehr genaue Extrapolation auf die Oberflächentemperatur gestattet.

§ 7. Temperaturmessungen in der Luft.

A) In der freien Atmosphäre.

Die Temperaturmessungen in der Luft werden hauptsächlich in zwei Fällen vorgenommen, erstens in der freien Atmosphäre zu meteorologischen Zwecken, zweitens in geheizten oder gekühlten Räumen zur Bestimmung und Überwachung des jeweiligen Temperaturzustandes der Raumluft. Da die ersteren Messungen von großer wissenschaftlicher Bedeutung sind, so werden sie nur von fachmännisch geschulten Beobachtern ausgeführt, und zwar mit wissenschaftlich einwandfrei gebauten Instrumenten. Die bei ihrer Konstruktion angewandten Grundsätze können geradezu als vorbildlich auch für andere Beobachtungsverhältnisse dienen.[1])

Ein völlig frei aufgehängtes Thermometer würde mit seiner ganzen Umgebung in Strahlungsaustausch stehen. Dieser wäre aber im allgemeinen einem dauernden Wechsel unterworfen, da eine veränderliche Bewölkung nicht nur die Intensität der direkt auf das Thermometer fallenden Sonnenstrahlung, sondern auch diejenige der von der Sonne bestrahlten und erwärmten Gegenstände der Umgebung verändert. Da ferner in klaren Nächten der Erdboden infolge seiner Abstrahlung in den Weltenraum sogar kälter sein kann als die Luft, so kann ein in dieser aufgehängtes Thermometer sogar wärmer sein als die festen Körper seiner Umgebung und würde dann von dieser durch Strahlung keine Wärme empfangen, sondern an sie abgeben.

Aus diesem Grunde muß ein zur Temperaturmessung in der freien Luft dienendes Thermometer vor Zu- und Abstrahlung besonders gut geschützt werden. Man umgibt es daher

---

[1]) Vgl. R. Aßmann, Das Aspirationspsychrometer, Abhandlungen des Kgl. preuß. meteorologischen Instituts I, Nr. 5/1892.

gemäß den Überlegungen des obigen § 3 mit einem einfachen
oder doppelten Strahlungsschutz aus einem hochpolierten
Metall. Nun gibt es aber keinen Stoff, der alle auffallenden
Strahlen reflektiert, der also einen idealen Schutz bieten würde;
man muß daher bei der Ablesung des
Thermometers dafür sorgen, daß die Luft
mit großer Geschwindigkeit an diesem vorbeiströmt und dadurch eine etwa vorhandene Temperaturdifferenz zwischen Strahlungsschutz und Thermometer beseitigt.

Abb. 20 stellt ein Aßmann'sches
Aspirationsthermometer dar mit doppel-
tem Strahlungsschutz; durch Elfenbein,
das die Wärme schlecht leitet, sind die
zwei Schutzzylinder gegeneinander und gegen das Thermometer isoliert. Durch einen
Ventilator mit Uhrwerksbetrieb
wird die Luft mit großer Geschwindigkeit am Thermometer
vorbeigesaugt.

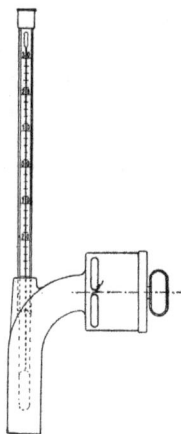

Abb. 20.
Aspirationsthermo-
meter.

Diese Geschwindigkeit kann
man statt durch einen Ventila-
tor auch in einfacher Weise dadurch erzeugen, daß
man ein Thermometer, das eine als Strahlungsschutz dienende, nickelpolierte und mit Schlitzen
versehene Metallhaube trägt (Abb. 21), an einem
Faden befestigt und es mit diesem schnell im Kreise
herumschwingt. Man erhält dann ein sog. »Vogel-
sches Schleuderthermometer«[1]), das bei geringeren
Anforderungen an die Meßgenauigkeit verwendbar ist.

Abb. 21.
Thermo-
meter mit
Strahlungs-
schutz.

Eine in das alltägliche Leben hineinspielende,
aber doch wissenschaftlich aufzubauende Anwendung
der Thermometer ist das sog. »Fensterthermometer«, also
das außen am Fenster angebrachte Thermometer zur Bestimmung der Lufttemperatur. — Es ist vor Regen und Sonne

---

[1]) Vgl. R. Emden, Die Fahrt vom 7. November 1896, Jahres-
bericht des Münchener Vereins für Luftschiffahrt 1896, S. 26 ff.

zu schützen, dagegen dem Zutritt der freien Luft möglichst
auszusetzen. Denn da erstens Wasser stets verdunstet, wenn die
umgebende Luft nicht mit Feuchtigkeit gesättigt ist, so zeigt
ein durch Regen naß gewordenes Thermometer infolge der bei
der Verdunstung verbrauchten Wärme immer eine tiefere Temperatur als die der Luft. Zweitens würde das Thermometer unter
dem Einfluß der Sonnenstrahlen über diese Temperatur erwärmt
werden, und zwar durch die Absorption der einerseits direkt
auftreffenden Strahlen und anderseits der dunklen Wärmestrahlen, welche von den durch die Sonnenbestrahlung erwärmten äußeren Fenster- oder Maueroberflächen ausgehen.
Drittens ist aber das Fensterthermometer möglichst dem
Luftzug auszusetzen, damit es nicht von ruhender, durch
die Nähe des Hauses erwärmter Luft umgeben ist. Wünschenswert ist daher die Anbringung des Thermometers an
einem vor Sonne und Regen geschützten Fenster und in
einem Abstande von etwa 50 cm. — Praktisch wird sich dieser
große Abstand oft ·nicht einhalten lassen, z. B. bei Fenstern
mit außen angebrachten Rolläden, da dann das Thermometer in dem schmalen Zwischenraum zwischen Laden und
Fenster eingeschlossen werden muß.

Beurteilen wir nach diesen Gesichtspunkten die fast
immer in der Fensternische dicht am Fenster ohne Strahlungsschutz angebrachten Thermometer, so ergibt sich, daß
diese nur bei trübem, trockenen Wetter und sehr scharfem
Winde die Lufttemperatur richtig messen, daß ihre Angaben
im allgemeinen aber nur für den sog. »Hausgebrauch« ge-
nügen, ohne wissenschaftlich irgendwie verwertbar zu sein.

B) In geschlossenen Räumen.

Bei der Messung von Lufttemperaturen in geschlossenen
Räumen kann der Fall eintreten, daß diese zwar zeitlich ziemlich unveränderlich sind, jedoch durch Strömungen leicht gestört werden. Dies gilt z. B. für die Luft in der Nähe des
Fußbodens eines Raumes, die durch den Beobachter beim Eintreten in den Versuchsraum und beim Umhergehen in ihm in
Bewegung kommen kann. Bei derartigen Messungen muß
das Instrument in der Einstellung absichtlich träge gemacht
werden. Es ist daher ein Quecksilberthermometer mit einem

großen Quecksilberinhalt zu wählen oder etwa mit Watte zu umwickeln (vgl. S. 115), damit seine Angaben durch eintretende Temperaturänderungen der Luft nicht zu rasch und zu stark beeinflußt werden.

Bei den Messungen in Zimmern ist ferner wie bei denen in der freien Luft zu berücksichtigen, daß ein in diesen aufgehängtes Thermometer mit seiner gesamten Umgebung in Wärmeaustausch· steht, und zwar durch Leitung und Konvektion mit der umgebenden Luft und durch Strahlung mit den im Zimmer befindlichen Gegenständen. Das Thermometer gibt daher im allgemeinen nicht die wahre Lufttemperatur an, sondern zeigt gegen diese eine Differenz, also einen Meßfehler.

Hierüber hat H. Hausen[1]) umfangreiche theoretische und experimentelle Untersuchungen angestellt. Der Meßfehler berechnet sich in ähnlicher Weise wie in § 3 A; er ist desto kleiner, je kleiner die Strahlungszahl der Thermometeroberfläche und je größer die Wärmeübergangszahl von der Luft an das Thermometer ist.

Z. B. ergab sich, daß in einem Zimmer, dessen Wände eine Temperatur von 10⁰ haben, und in dem die Lufttemperatur am Ort der Messung in Wirklichkeit 20⁰ beträgt, ein Thermometer von 0,55 cm Gefäßdurchmesser ohne Strahlungsschutz nur 17,3⁰ anzeigt, also einen Meßfehler von über 2½⁰ besitzt.

Verhältnismäßig große, durch Strahlung bedingte Meßfehler treten auf, wenn ein Thermometer in der Nähe eines Heizkörpers aufgehängt wird. So würde bei einem solchen von 1 m Höhe und Breite, welcher eine Temperatur von 60⁰ hat, ein gewöhnliches Thermometer im Abstande von 11 cm um über 5⁰, in ½ m Abstand um über 2⁰ und in 2 m Abstand um ¼⁰ zu hoch zeigen. Die Meßfehler würden sich bei 100⁰ Heizkörpertemperatur in den genannten drei Abständen auf 12½⁰, 5⁰ und ⅔⁰ belaufen.

Würde man diese Fehler durch Anbringen eines ventilierten Strahlungsschutzes vermeiden wollen, so würden die

---

[1]) H. Hausen, »Zur Messung von Lufttemperaturen in geschlossenen Räumen«, Gesundheitsing. Festnummer z. Kongreß f. Heizung u. Lüftung 1921, S. 43, und »Die Messung von Lufttemperaturen in geschlossenen Räumen mit nicht strahlungsgeschützten Thermometern«, Z. f. techn. Physik, 5 (1924), S. 169.

entstehenden Luftströmungen die Temperaturverteilung im Raume so stark verändern, daß es nicht möglich wäre, mit dem Thermometer die Temperatur einer bestimmten Stelle des Raumes zu messen. Dies kann jedoch nach Hausen ohne eine Ventilationsvorrichtung durch gleichzeitige Verwendung zweier Thermometer mit verschiedenen Strahlungszahlen geschehen (vgl. Abb. 22). Von diesen zeigt in der Nähe warmer Heizkörper ein gewöhnliches Thermometer eine höhere Temperatur als ein anderes etwa vergoldetes oder versilbertes. Denn da das Glas die dunklen Wärmestrahlen viel stärker absorbiert als die genannten Metalle, so hat es nach dem Kirchhoffschen Gesetze auch eine wesentlich größere Strahlungszahl. Das nackte Thermometer zeige t'', das mit Metall belegte t', während die gesuchte Lufttemperatur $t_0{}^0$ betragen möge. Alsdann ergibt sich die letztere durch folgende einfache Gleichung:

$$t_0 = t' - K\,(t'' - t');$$

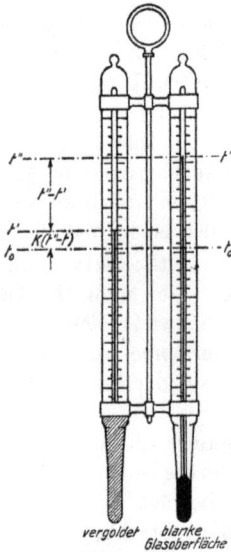

Abb. 22.

Hierin bedeutet K eine nur von der Beschaffenheit der beiden Thermometer abhängige Konstante, deren Zahlenwert sich theoretisch berechnen oder noch sicherer durch einen einfachen Versuch experimentell bestimmen läßt.

Bei Benutzung eines vergoldeten und eines gewöhnlichen Quecksilberthermometers von je 0,55 cm Gefäßdurchmesser würde sich z. B. folgende Korrektionsgleichung ergeben:

$$t_{\text{Luft}} = t_{\text{Gold}} - 0{,}0325\,(t_{\text{Glas}} - t_{\text{Gold}}).$$

Hat man an einem derartigen Doppelthermometer z. B. abgelesen

$$t_{\text{Glas}} = 25{,}0^0, \ t_{\text{Gold}} = 20{,}0^0,$$

so folgt aus der Korrektionsgleichung als wahre Lufttemperatur

$$t_{\text{Luft}} = 20 - 0{,}0325\,(25 - 20) = 19{,}84^0.$$

Bei all diesen Messungen ist zu beachten, daß der menschliche Körper im allgemeinen wärmer ist als die Luft, deren Temperatur bestimmt werden soll. Er wirkt auf das Thermometer also ebenso wie der oben erwähnte Heizkörper und darf ihm daher nicht näher kommen als bis auf etwa ½ m, um dessen Angabe nicht durch die Körperwärme zu beeinflussen. Man bemühe sich auch, die Ablesung möglichst rasch vorzunehmen und verwendet dabei am besten eine Lupe mit nicht zu kleiner Brennweite, damit nicht einmal die Wärmestrahlung der Hand zur Wirkung kommen kann.

§ 8. Temperaturmessung von Gasen und überhitzten Dämpfen in geschlossenen Kanälen.

Bei der Temperaturmessung in strömenden Gasen und Dämpfen gilt das bei den festen Körpern mehrfach Hervorgehobene. Das Meßgerät ist also so zu konstruieren und zu verwenden, daß einerseits die Wärmeübertragung vom Gase auf dieses möglichst begünstigt und anderseits der Wärmeaustausch zwischen ihm und der Umgebung behindert wird.

Bei Gasen und Dämpfen sind diese für eine richtige Messung erforderlichen Bedingungen schwer zu erfüllen. Denn erstens ist die Wärmeaufnahme vom Gase wegen der kleinen Wärmeübergangszahl eine ungünstige, zweitens aber die Wärmeabgabe an die Umgebung eine hohe, weil zu der Wärmeabgabe durch Leitung im Material des Meßgerätes und der Armatur noch diejenige durch Strahlung hinzukommt. Da diese mit der 4. Potenz der absoluten Temperatur zunimmt, ist der durch die Strahlung hervorgerufene Wärmeentzug bei hohen Temperaturen recht bedeutend.

Aus diesen Verhältnissen ergeben sich unabhängig von der Art des Meßgerätes, welches benutzt werden soll, folgende allgemeine Grundsätze[1]), deren nähere Begründung teils aus der nachstehenden Beschreibung der verschiedenen Meßanordnungen zu entnehmen, teils bereits in § 4 gegeben ist:

---

[1]) Vgl. die Beobachtungen von F Meißner, Wien. Ber. 115 IIa (1906) S. 847. — W. Nußelt, Forschungsarb. a. d. Gebiete des Ingenieurwesens, Heft 89 (1910) S. 12ff.; Zeitschr. d. Ver. deutsch. Ing. 1909, S. 1750, und H. Gröber, Forschungs-Heft 130 (1912), S. 8 ff.; Zeitschr. d. Ver. deutsch. Ing. 1912, S. 421.

1. Zur Begünstigung der Wärmeaufnahme soll das Meßgerät möglichst tief in die Zone eintauchen, deren Temperatur
zu bestimmen ist. Dies ist bei verhältnismäßig kleinen Kanal-
querschnitten nur bei axialer Einführung möglich. Diese Art
des Einbaues ist zur eindeutigen Temperaturbestimmung
auch deshalb notwendig, weil im strömenden Medium die
Temperatur vom Kern gegen die Wandungen ab- oder zunimmt,
je nachdem die letzteren kälter oder wärmer sind.

2. Das Meßgerät ist mit dem wärmeempfindlichen Teil
dem strömenden Medium möglichst entgegenzurichten.

3. Wird das Meßgerät oder dessen Armatur in metallische
Wandungen eingesetzt, so müssen bei g a n z e i n t a u c h e n d e m
Instrumente zur Behinderung des Wärmeaustausches die Berührungsfläche zwischen beiden und die wärmeleitenden Querschnitte tunlichst klein gehalten und womöglich durch ein
wärme-isolierendes Material getrennt werden. Bei s t a r k
h e r a u s r a g e n d e m Instrumente jedoch soll dies nur geschehen, wenn die Befestigungsstelle wärmer ist als der übrige
Teil der Wandung; im entgegengesetzton Falle ist sogar für
eine gut leitende Verbindung zwischen ihnen zu sorgen.
Außerdem soll die Oberfläche der herausragenden Teile möglichst klein sein.

Punkt 1 bedarf kaum noch näherer Begründung.

Die Forderung 2 ergibt sich aus folgender Betrachtung: In einem Rohr, welches zur Fortleitung heißer Gase
dient, möge die Temperatur mit einem Thermoelement nach der
Anordnung der Abb. 27 (S. 81) bestimmt werden. Ragt dieses
nun nicht dem Gasstrom entgegengesetzt, sondern in dessen
Richtung in den Kanal hinein, so wird das Gas beim Auf-
treffen auf die Rückseite des Meßgerätes infolge des Wärme-
entzuges durch Leitung und Strahlung abgekühlt. Dieser
kalte Kern wird durch Wirbelung nicht zerstreut, sondern
strömt an dem Instrument entlang, kühlt sich dabei noch
mehr ab und erreicht so den wärmeempfindlichen vorde-
ren Teil des Meßinstrumentes mit einer Temperatur, die
unter derjenigen liegt, welche das Gas besäße, wenn das Meßinstrument nicht vorhanden wäre. Dieser Fehler fällt fort,
wenn das Meßinstrument entgegen dem Luftstrom eingesetzt ist.

Den Einfluß dieser verschiedenen Stellung läßt folgender Versuch erkennen. Es wurden Messungen an einem von heißer Luft durchströmten Kanal von 400×200 mm Querschnitt ausgeführt. Ein nach Abb. 31 (Beschreibung s. S. 85) eingebautes Thermoelement zeigte an:

entgegen der Strömungsrichtung liegend . . . . $317,0^0$

in der Strömungsrichtung liegend . . . . $312,8^0$

Bei dem ungünstigen zweiten Einbau wird also die Temperatur um $4,2^0$ tiefer gemessen als bei dem ersten[1]).

Gegen die Forderung 3 verstoßen ganz besonders die in technischen Betrieben oft verwendeten Queck-silber-Feder-Thermometer (Abb. 23a bis c). Sie bestehen aus einem stählernen, zylindrischen Behälter, der im Zeigergehäuse lagernden Stahlrohrfeder (sog. Bourdonfeder) und dem Verbindungskapillarrohr zwischen diesen. Alle Teile sind unlösbar miteinander verbunden und mit Quecksilber gefüllt.

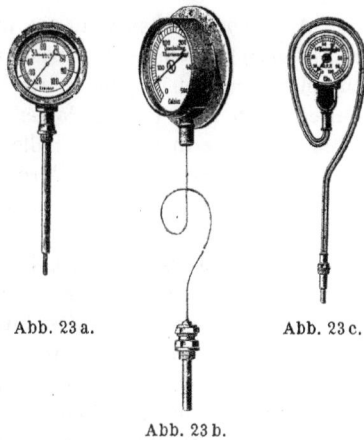

Abb. 23a.   Abb. 23c.

Abb. 23b.

Die Thermometer werden auch für Fernablesungen (Abb. 23b) gebaut und besitzen dann einen sehr langen »herausragenden Faden« und eine große an die Außenluft grenzende Oberfläche. Die Wärmeableitung ist daher in allen Fällen bedeutend, so daß die Instrumente für genaue Messungen ungeeignet sind.

Die bei Fernthermometern besonders hohe Fadenkorrektur wird selbsttätig eliminiert bei sog. Kompensationsthermometern (Abb. 23c). Bei diesen ist neben das Kapillarrohr des eigentlichen Thermometers ein zweites Kapillarrohr ge-

---

[1]) Beide Messungen sind wegen der Abstrahlung des Elementes gegen die Wandungen, welche eine Temperatur von 220^0 besaßen, noch fehlerhaft. Die richtige Temperatur wurde mit dem auf S. 101 beschriebenen Thermoelement mit geheiztem Strahlungsschutz (Abb. 40) ermittelt und betrug $327,7^0$ C.

legt, welches nur auf Temperaturschwankungen der Umgebung reagiert, und dessen Federwerk mit dem ersteren so gekuppelt wird, daß es die entgegengesetzte Zeigerbewegung hervorruft. Wenn also das Kapillarrohr des Thermometers von außen erwärmt wird, so würde es die Temperaturanzeige erhöhen. Das zweite Kapillarrohr, welches die gleiche Erwärmung erfährt, bewirkt dagegen ein entsprechendes Zurückgehen des Zeigers. — Die Wärmeableitung in den Metallteilen wird dagegen in keiner Weise aufgehoben.

Aus dem gleichen Grunde, wie die eben beschriebenen Instrumente, sind auch die Glasthermometer, welche ganz in starkwandige Metallhülsen (Abb. 23 d) eingeschlossen sind, für genaue Messungen nur in seltenen Fällen brauchbar.

Auch die sog. Graphit-Pyrometer müssen als ungeeignet bezeichnet werden. Sie bestehen aus

Abb. 23 d.

einem Graphitstab, der in einer Eisenhülle eingeschlossen und nur an einem Ende mit dieser verbunden ist. Die Wärmeausdehnung der Eisenhülle gegenüber dem seine Länge kaum ändernden Graphitstab gibt ein Maß für die Temperatur. Diese Pyrometer, welche für besonders hohe Temperaturen, z. B. in Feuerzügen, gebaut werden, ragen nur zum Teil in die Zone der zu messenden Temperatur hinein, zum Teil müssen sie durch das kältere Mauerwerk geführt werden. Die Eisenhülle vermag daher sehr viel Wärme nach außen abzuleiten, welche dort an der großen Oberfläche des Zeigergehäuses günstige Verhältnisse zur Wärmeabgabe an die Außenluft vorfindet.

Im folgenden Abschnitt (A) sind zunächst einige Arten der Einführung der Meßinstrumente in Rohrleitungen beschrieben. Im Abschnitt (B) sind dann einige grundlegende Maßnahmen zur Verminderung der Ab- oder Zuleitung von Wärme durch die Wandungen der Armatur oder des Thermometers erläutert, die im Abschnitt (C) hinsichtlich ihrer günstigen Wirkung durch Versuche belegt werden.

Darauf folgt in (D) die Vermeidung des Strahlungsverlustes durch eine um die Rohrleitung gelegte Isolierung oder

einen innerhalb des Rohres um das Meßinstrument gebauten
Strahlungsschutz. In (E) ist endlich beschrieben, wie durch
eine örtliche starke Vergrößerung der Gas- oder Dampfgeschwindigkeit in der unmittelbaren Nähe des Instrumentes
der Wärmeübergang auf das letztere so verbessert werden
kann, daß Leitungs- und Strahlungsverluste des Instrumentes
nicht zur Wirkung kommen können.

A) Ausführungsformen für die Einführung von Meßgeräten in Rohrleitungen.

Zum Schutze der Glasthermometer gegen Druck und Zer-
sprengen beim Einbau müssen meist die mehrfach behandelten Schutzrohre vorgesehen werden; nur in seltenen Fällen
kann man die Instrumente direkt in das Gas eintauchen.
Abb. 24 zeigt die übliche, typische Anordnung eines Thermometerrohres b mit axialer, dem
Strom entgegengesetzter Einführung in die Rohrleitung a.

Das Thermometerrohr darf
nur radial eingesetzt sein, wenn
sich noch eine genügende Eintauchtiefe ergibt.

Bei Leitungen, in welchen sich dies auch
durch Schräglage nicht erreichen läßt oder bei
welchen die axiale Einführung nur dem Strome
gleichgerichtet möglich ist, kann man eine
n-förmige Ausbiegung vornehmen (Abb. 25),
in die das Thermometerrohr eingesetzt wird,
falls Druckverluste keine ausschlaggebende
Rolle spielen.

Nicht zu empfehlen ist dagegen der zuweilen in der Praxis ausgeführte Einbau nach
Abb. 26. Denn das Gas nimmt in seinem unteren Teile nicht an der Bewegung teil und hat
daher eine ganz andere Temperatur als der strömende Teil,
dessen Temperatur bestimmt werden soll.

Abb. 24.
Thermometer-
rohr.

Das über den Einbau der Glasthermometer Gesagte gilt
in gleicher Weise auch für denjenigen von Widerstandsthermo-

metern und Thermoelementen, die an deren Stelle in die Schutzrohre eingefügt werden können.

Wenn es sich nicht um den Einbau von Instrumenten für dauernde Messungen in technischen Betrieben, sondern um denjenigen für nur vorübergehende wissenschaftliche Beobachtungen handelt, so kann man sich durch Anwendung von Thermoelementen von der Lage der Meßstelle und Form der Rohrleitung völlig unabhängig machen. Denn diese

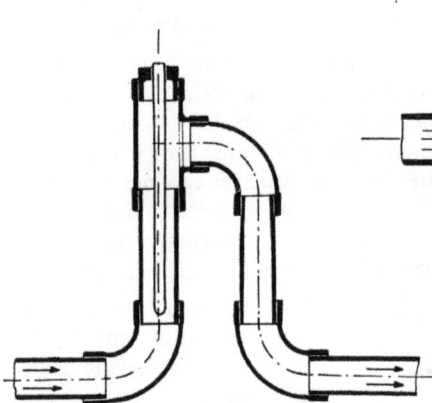

Abb. 25.
Achsialer Einbau mit Fittings.

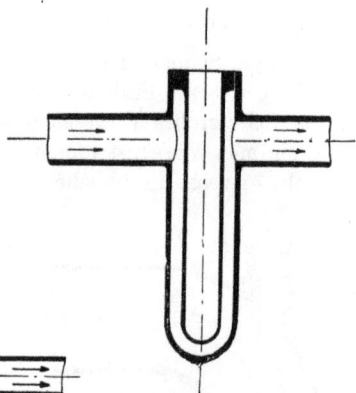

Abb. 26.
Fehlerhafter Einbau.

können infolge ihres kleinen Raumbedarfes und der Biegsamkeit ihrer Drähte überall leicht und sachgemäß eingesetzt werden. Z. B. ist in Abb. 27 das Thermoelement in einem dünnwandigen Messingröhrchen a untergebracht. Letzteres wird mittels Stopfbüchse b gedichtet oder auch in die Wandung eingelötet oder -geschweißt[1].

Ein Thermoelement kann auch ohne Schutzrohr in die Rohrwand gasdicht eingesetzt werden, wenn dem einen Draht des Elementes die Form eines Röhrchens gegeben wird[2]. (Abb. 28.) Sei etwa in das Innere eines Eisenröhrchens a von

---

[1] Die Lötstelle ist dem Gasstrome entgegengerichtet. Vgl. S. 76 ff.

[2] Osc. Knoblauch u. H. Mollier, Forschungsarb. a. d. Gebiete des Ingenieurwesens, Heft 108 und 109 (1911), S. 88, und Z. d. V. d. I. 1911, S. 667.

5 mm äußerem Durchmesser ein durch ein übergeschobenes
Glasrohr *b* isolierter Konstantandraht *c* hineingeschoben und
an dessen einem Ende so angelötet, daß dieses durch die
Lötstelle vollkommen verschlossen ist. Alsdann kann das
Röhrchen mittels Glimmer und Asbest in eine Stopfbüchse
eingedichtet werden. Der Asbest dichtet das Gas ab, die
Glimmerauskleidung besorgt die elektrische Isolierung des

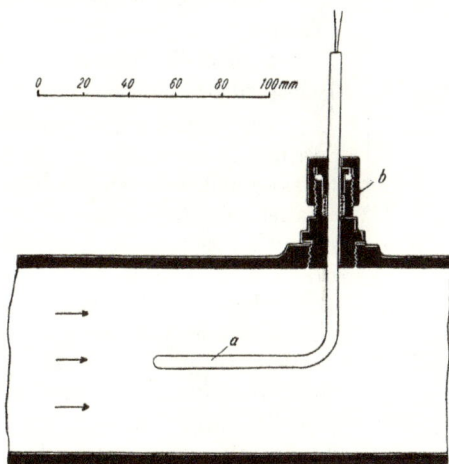

Abb. 27. Einbau eines Thermoelementes.

Thermoelementes. An das obere Ende des Eisenröhrchens
wird ein Eisendraht *d* angeschweißt, der zur Vermeidung
sekundärer Thermokräfte die gleiche physikalische und chemische Beschaffenheit haben muß wie das Röhrchen.

Soll bei einer Untersuchung die **Differenz** der Temperaturen an 2 Stellen des Gases gemessen werden, so kann dies
mit einem einzigen solchen röhrenförmigen Element geschehen,
das als Differential-Thermoelement benutzt und mit 2 Stopfbüchsen direkt wieder in das Gas eingeführt wird. Man nehme
dazu ein Eisenröhrchen (Abb. 28) von solcher Länge, daß es
von der einen bis zur anderen Meßstelle reicht, schlitze es in
dem mittleren Teile auf und feile es bis auf einen schmalen
Streifen *e* ab, während es an den beiden Enden *a* und *a'* un-

versehrt bleibt. In die beiden Rohre schiebt man dann je einen durch ein übergeschobenes Glasrohr b, b' isolierten Konstantandraht c, c' und verlötet sie, wie oben, so an den freien Enden, daß diese durch die Lötstellen vollkommen verschlossen sind.

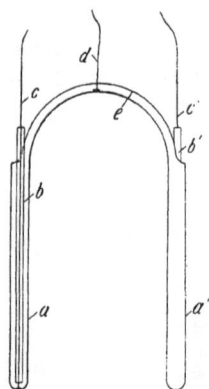

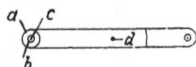

Der für dieses Differential-Thermoelement nicht notwendige Draht d kann dazu dienen, außer dem Unterschied der Temperaturen $(t_1 - t_2)$ an 2 Stellen des Gases auch die Temperaturen t_1 und t_2 selbst zu bestimmen.

Für Kanäle und Rohrleitungen mit geringem, etwa nur einige Millimeter Wassersäule betragendem Überdruck gestaltet sich die Einführung von Instrumenten viel einfacher. Die Abdichtung kann mittels Kork- oder Asbeststopfen geschehen. — Bei Leitungen mit Unterdruck, wie etwa den Zügen eines Dampfkessels, ist peinlich darauf zu achten, daß die Einführung dicht ist. Würde sie dies nicht sein, so könnte die kalte Außenluft am Instrument entlang in den Kanal strömen und durch die Abkühlung des Meßgerätes ganz unbrauchbare Beobachtungen verursachen.

Abb. 28.
Röhrenförmiges Thermoelement.

B) Maßnahmen zur Vermeidung der Wärmeableitung.

Aus den Überlegungen des § 4 ergeben sich außer den auf S. 76 erwähnten noch die folgenden Maßnahmen zur Vermeidung der Wärmeableitung:

1. Die Thermometerschutzrohre sollen nicht aus der vom Gas durchströmten Rohrleitung herausragen.
2. Die Wandstärke der Thermometerrohre ist möglichst gering, die Eintauchtiefe groß zu wählen.
3. Das Material der Rohre soll eine kleine Wärmeleitfähigkeit haben. Wenn angängig, ist daher Eisen oder Neusilber zu verwenden, dagegen Kupfer, Messing und Aluminium zu vermeiden.

4. Durch eine geeignete an der Rohrleitung außen angebrachte Wärme-Isolierung ist dafür zu sorgen, daß die Temperatur der Wandung derjenigen des strömenden Gases möglichst gleich ist. Unter Beachtung dieser Regeln ergibt sich als Muster die Anordnung nach Abb. 29, welche für alle Arten von Thermometern geeignet ist.

In gleicher Weise wirkt eine andere Maßnahme, die bereits in § 4 angedeutet wurde und darauf beruht, daß man die Stelle, an welcher das Thermometerrohr in die Wandung eingesetzt ist, künstlich erwärmt. Bei Wandungen aus schlecht wärmeleitendem Material ist dies Verfahren besonders einfach und wirksam.

Zur Veranschaulichung einer solchen Einrichtung, welche im Mauerwerk eines Dampfkessels gedacht ist, dient Abb. 30. Die vom heißen Gas berührte und dadurch geheizte Blechscheibe BB führt auf einem vom Thermometerrohr getrennten Wege diesem an seiner kälteren Austrittsstelle Wärme zu. Die außen an die Umgebungsluft abgegebene Wärme wird also großenteils von der Blechscheibe zugeführt, und dadurch wird die Wärmeableitung aus dem Inneren des Thermometerrohres, also aus dem in diesem steckenden Thermometer verringert. Die Wirkung kann durch Anbringung mehrerer Scheiben vergrößert werden. — Man kann die Blechscheiben als Strahlungsschutz ausbilden.

Ein Hauptanwendungsgebiet der Einrichtung bildet die Messung in Feuergasen, besonders bei Verwendung von Thermometern, welche nicht ganz in den zu messenden Raum eingetaucht werden können.

Bisher ist noch nicht beachtet worden, daß eine metallische Verbindung von Thermometerrohr und Rohrleitung

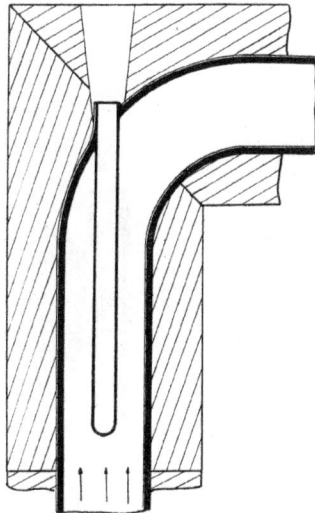

Abb. 29.
Thermometerrohr.

die störende Wärmeableitung begünstigt. Will man die hieraus entstehenden Fehler vermeiden oder verringern, so sind
die beiden Fälle zu unter-
scheiden, ob man die Meß-
geräte für besondere Ver-
suchszwecke etwa auch
selbst herstellen und dann
zwar genau messende, aber
gegen Beschädigung emp-
findliche Instrumente verwenden kann, oder ob
man widerstandsfähige
Geräte für Betriebsmes-
sungen braucht.

Im ersten Falle sind
folgende Konstruktionen
sehr geeignet:

In Abb. 31 ist das
Thermoelement in einem
die Wärme schlecht leitenden Glasrohre g einge-
setzt, das von dem mit
einer Schelle s verbundenen Metallrohr m gehalten
wird. Die Elementen-
drähte werden im Innern
des Rohres m durch Glas-

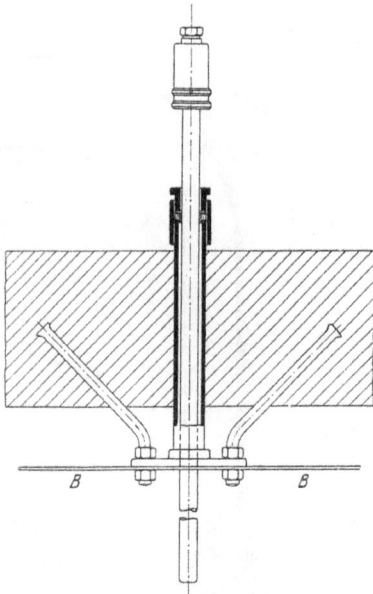

Abb. 30.
Einbau eines teilweise herausragenden
Thermometers in einer Wand geringer
Wärmeleitfähigkeit.

röhren isoliert, durch die Dichtung der Verflanschung f herausgeführt und an den Klemmen k befestigt. Diese sind
mittels Hartgummieinsätzen h isoliert. Die Drähte werden
entweder zwischen zwei Dichtungsscheiben[1]) gepreßt oder
durch radial laufende Löcher einer einzigen Dichtungsscheibe
herausgeführt. Diese Art der Abdichtung ist bis zu den
höchsten Drücken brauchbar. Die Bohrung für die Stopfbüchse im Rohr ist so bemessen, daß das Element leicht
herausgenommen werden kann.

---

[1]) Vgl. R. Poensgen, Forschungsarb. a. d. Gebiete des Ingenieurwesens, Heft 191 und 192 (1917), S. 41.

In ähnlicher Weise ist die Einführung eines Thermoelementes nach Abb. 32 konstruiert, wobei die Flanschverbin-

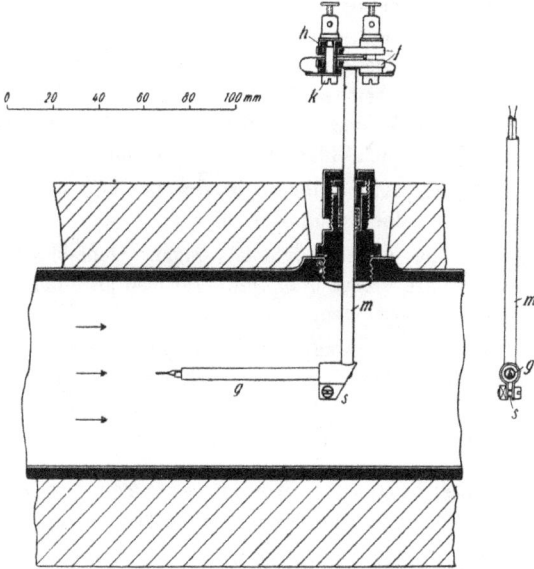

Abb. 31.
Thermoelement mit verminderter Wärmeableitung.

dung einer Hochdruckleitung benutzt wird. Das Element sitzt
in den Glasröhrchen a, welche an 2 Stellen mittels Schellen b
an den Drahtschleifen c befestigt sind. Die letzteren sind

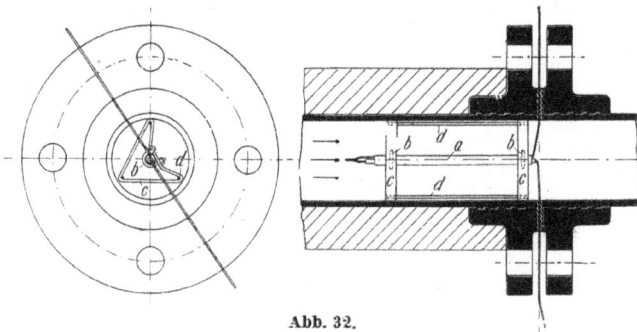

Abb. 32.
Thermoelement mit Drahtführung im Flansch.

durch die Drähte *d* versteift. Die Elementendrähte sind in der
oben beschriebenen Weise durch die Dichtung geführt.

Handelt es sich um Betriebsgeräte, so benutzt man aus
reinen Festigkeitsgründen oftmals sehr starkwandige Thermometerrohre, welche häufig zum Schutze vor Zerstörung durch
chemische Angriffe seitens der Gase mit einem metallischen
Überzug aus Kupfer versehen sind. Zur Verminderung der
hierbei möglichen Meßfehler ist zu empfehlen:

    a) Ersatz des Kupferüberzuges durch einen solchen aus
       Neusilber oder durch Emaillierung.

    b) Anordnung eines möglichst engen Querschnittes im
       Schutzrohre hinter dem temperaturempfindlichen Teile
       durch Hinterdrehen.

    c) Abstufung der gewählten Wandstärke nach der Länge
       des Schutzrohres, statt der vielfach üblichen Beibehal-
       tung der für lange Thermometer nötigen großen Wand-
       stärke auch für kurze Thermometerrohre.

C) Experimenteller Nachweis der Wärmeableitung verschiedener Anordnungen.

Zunächst soll ein Überblick über die Größenordnung der
Meßfehler von Einbauarten gegeben werden, die man häufig
in der Praxis antrifft:

Abb. 33 zeigt an einem Rohr verschiedene Einbauarten[1]).
Durch das Rohr von 82 mm l. W. strömte überhitzter Dampf
von 12 at mit einer Geschwindigkeit von 20 m/sec. Das Rohr
war außen teilweise mit Asbestschnur isoliert.

Bei *a* und *b* waren Widerstandsthermometer eingesetzt,
bei *c*, *d* und *e* Quecksilberthermometer in Stutzen eingeschoben,

---

[1]) Die Versuche wurden auf Veranlassung von Herrn Direktor
Heilmann im Prüffeld der Maschinenfabrik R. Wolff in Magdeburg-
Buckau angestellt.

Die Beobachtungsergebnisse sind erstmalig in dem auf Veranlassung und unter Mitwirkung der »Hauptstelle für Wärmewirtschaft« herausgegebenen »Merkblatt für Temperaturmessungen« veröffentlicht worden (Arch. f. Wärmewirtschaft 1923, S. 36). Wir
sprechen Herrn Direktor Heilmann unseren verbindlichen Dank für
die gütig erteilte Erlaubnis aus, sie auch in dieses Buch aufnehmen
zu dürfen.   Knoblauch-Hencky.

die mit Zylinderöl gefüllt waren. Die abgelesenen Temperaturen und Meßfehler waren folgende:

Bei	b	c	d	e	a
Temperaturen .	386	385	384	371	341^0
Meßfehler . . .	0	1	2	15	45^0

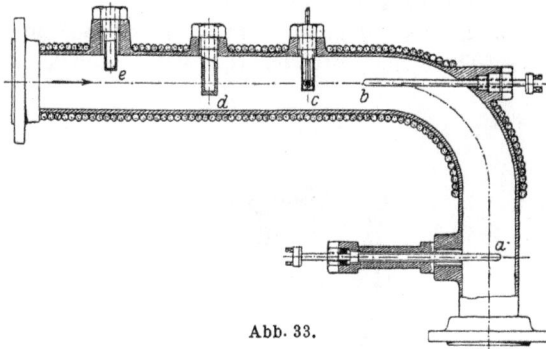

Abb. 33.

Richtig ist die Ablesung des im isolierten Teil axial eingeführten Thermometers b. Infolge des außen angebrachten Wärmeschutzes ist trotz der radialen Einführung der Fehler bei c nicht groß; er wächst bei d wegen der größeren Wandstärke des Stutzens. Bei e erreicht er wegen zu geringer Eintauchtiefe trotz der Außenisolierung bereits 15^0 und steigt in a bei fehlender Isolation und radialer Einführung auf 45^0.

Ein weiteres Beispiel aus der Praxis für den großen Einfluß des ungünstigen Einbaues zeigt eine Temperaturmessung vor dem Drosselventil einer Dampfturbine[1]). Dampf von 12 at Überdruck strömte mit einer Geschwindigkeit von etwa 20 m/sec durch das Ventil der Abb. 34. Infolge der starken Wärmeableitung durch benachbarte Metallteile und der mangelnden Dampfbewegung in einer toten Ecke zeigte ein Thermometer bei (b) nur 270^0, während das in einem äußerlich mit Wärmeschutz isolierten Teil der Dampfleitung eingeschobene

---

[1]) E. Schmidt und V. Polak, »Über die Messung von Dampftemperaturen in Kraftanlagen«, Zeitschr. »Die Wärme« 1922, S. 549.

Thermometer bei (a) die wirkliche Dampftemperatur von 320⁰
angab. Der Meßfehler betrug also 50⁰ C.

Versuche über die Wärmeableitung in Stutzen und Armaturen von Thermometern, ohne eine in Betracht kommende
Abstrahlung, sind von H. Reiher und K. Cleve neuerdings
ausgeführt worden[1]). Dabei waren vertikal in einen Luftstrom von 200 bis 235⁰ C mit wechselnden Luftgeschwindigkeiten von 2,9 bis 6,0 m/sec acht verschiedene, unten geschlossene Thermometerstutzen eingesetzt (Abb. 35 a ˙ und

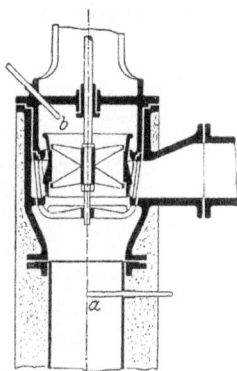

Abb. 34.

35 b), so daß die Luft im Kreuzstrom auftraf. In diese
Stutzen waren teilweise Quecksilberthermometer, teilweise
Messingrohre eingesetzt, welche armierte Thermometer nach-
ahmten. Der Strömungskanal von rechteckigem Querschnitt
war seitlich und unten gegen Wärmeabgabe geschützt, oben
durch einen Deckel aus Eisenblech geschlossen, in den die
erwähnten Stutzen eingeschraubt waren; dieser war absichtlich nicht gegen Wärmeabgabe isoliert, damit sich große Meßfehler zeigen sollten.

Zu deren Feststellung muß einerseits die Temperatur des
Gases t_g, anderseits diejenige des unteren Stutzenendes t_u
beobachtet werden. Ersteres geschah mit einem Platin-Wider-

―――――――

[1]) H. Reiher und K. Cleve, »Technische Mechanik«, Ergänzungsheft der Zeitschr. d. Ver. deutsch. Ing., 1925, S. 49.

standsthermometer, das quer über den Strömungskanal ausgespannt war, letzteres mit Thermoelementen, die innen in
die Böden der Stutzen eingelötet, zunächst spiralig aufgewickelt und dann nach oben hinausgeführt waren.

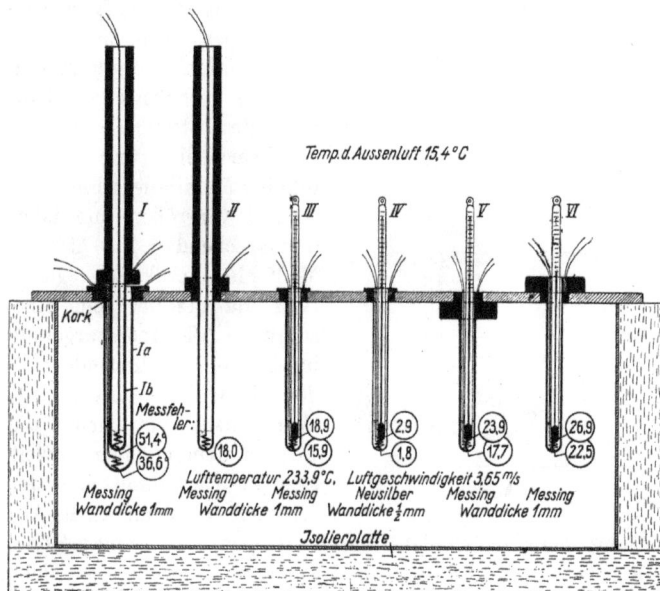

Abb. 35a.

Mit Thermoelementen wurden außerdem die Temperaturen t_E der Einschraubstellen der Stutzen in den Deckel
gemessen. Die Form der einzelnen 8 Stutzen, ihre Abmes-
sungen und das Baumaterial sind aus den Abb. 35a und 35b
ersichtlich.

In den Abbildungen sind die in einer Versuchsreihe festgestellten Meßfehler neben jeder Meßstelle eingetragen. Man
erkennt aus Abb. 35a, daß bei rd. 235° C Lufttemperatur und
etwa 15° C Außenlufttemperatur Meßfehler eintreten können,
die bis auf 51,4° C ansteigen, durch passende Maßnahmen
jedoch bis auf 1,8° C verringert werden können. — Daß der

Meßfehler durch aufgesetzte Rippen zum Verschwinden gebracht werden kann, ergibt sich aus Versuchen, die mit den
beiden Thermometerstutzen VII (Messingrohr, außen glatt)
und VIII (Messingrohr gleicher
Abmessung, mit aufgesetzten
Querrippen) Abb. 35 b, angestellt wurden[1]). Bei letzterem
war das Verhältnis vom Umfang des Stutzens zu dem
die Wärmeableitung vermittelnden Metallquerschnitt wesentlich vergrößert und daher
(entsprechend § 4 S. 45) der
Meßfehler praktisch gleich
Null, da die bei dem herrschenden Temperaturgefälle
im Stutzen abfließende und
den Meßfehler verursachende
Wärmemenge von der auf die
Rippen übergehenden soweit
gedeckt wird, daß von der
Meßstelle keine merkliche Ab-
leitung mehr stattfindet. Bereits Rippen von geringer Höhe,
die noch ein Einbringen des Instrumentes durch eine nicht
zu große Öffnung in der Wand ermöglichen, verhindern
auch bei nur geringer Eintauchtiefe unbrauchbare Fehl-
messungen.

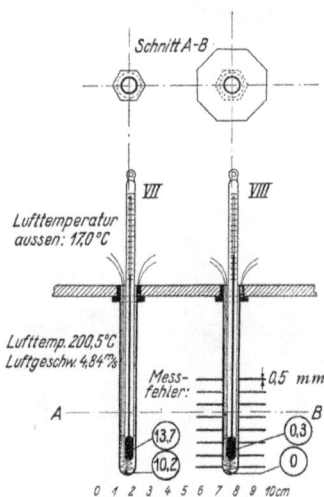

Abb. 35 b.

Wesentlich kleinere Meßfehler zeigten sich, wenn der
eiserne Deckel des Strömungskanales durch einen aufgelegten
Wärmeschutzstoff isoliert wurde.

Weitere Versuche betrafen den Einfluß der Höhe der
Ölfüllung im Thermometerstutzen und die Eintauchtiefe eines
Thermoelementes.

Es ist nämlich üblich, den Wärmeübergang vom Thermometerstutzen auf das in ihn eingesetzte Thermometer durch

---

[1]) Vgl. A. Schwartz. Zeitschr. d. Ver. deutsch. Ing. 1912.
S. 260 und E. Schmidt, »Techn. Mechanik«, Ergänzungsheft d.
Zeitschrift d. Ver. deutsch. Ing. 1925, S. 58.

eingegossenes Öl zu verbessern. Diese Maßnahme ist jedoch nicht unbedenklich, da in dem Öl, das unten am meisten erwärmt wird, Konvektionsströme entstehen, welche Wärme wegführen und dadurch die Meßstelle abkühlen.

In der Tat ergaben Versuche, die mit der Anordnung I a (Abb. 35 a) vorgenommen wurden, daß mit zunehmender Füll-

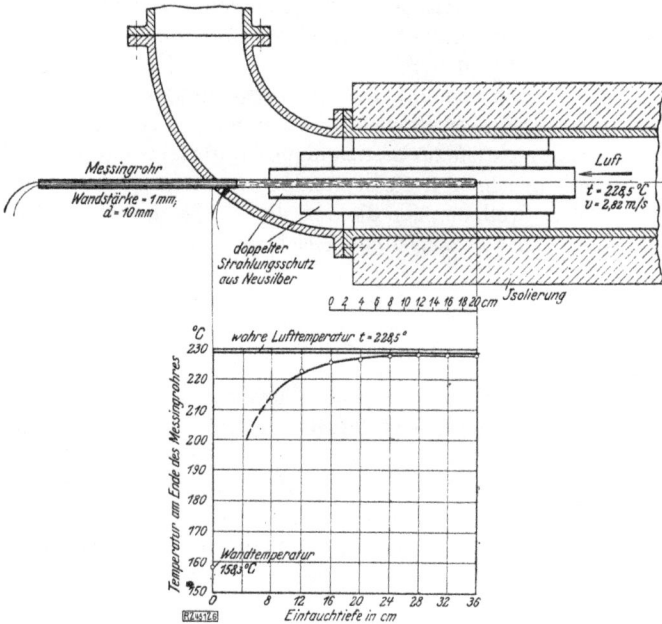

Abb. 36.

höhe des Stutzens mit Öl der Meßfehler zunimmt. Es darf demnach nicht mehr Öl in den Stutzen gefüllt werden, als notwendig ist, um den meßempfindlichen Teil des Meßgerätes zu bedecken. Das Gleiche gilt für die Füllung mit Metall-Feilspänen.

Zur Bestimmung des Einflusses der Eintauchtiefe des Meßgerätes wurde entsprechend Abb. 36 an einem Krümmer der Rohrleitung ein 60 cm langes Thermometerrohr axial eingeführt und in der Längsrichtung verschiebbar angeordnet. Das Rohr bestand aus Messing von 10 mm Durchmesser und

1 mm Wandstärke. Zur Verringerung der Meßfehler durch Abstrahlung der Meßstelle an die Wand des Strömungskanales war es von einem doppelten Strahlungsschutz (vgl. § 3, B und § 8, D) aus poliertem Neusilberblech umgeben. Außerdem war das Leitrohr, in dem die Luft strömte, gegen zu große Wärmeabgabe nach außen durch Glaswolle isoliert.

Die Abhängigkeit des Meßfehlers von der Eintauchtiefe ist im unteren Teil der Abb. 36 graphisch dargestellt. Er sank von $14,9^0$ auf $0,5^0$ C.

Es sei noch bemerkt, daß bei Verwendung eines Thermometerrohres mit Längsrippen am unteren Ende bereits eine geringere Eintauchtiefe zur Erreichung geringster Meßfehler genügt.

Die Versuche von Reiher und Cleve bestätigen zunächst qualitativ vollkommen die für die Größe des Meßfehlers theoretisch in § 4 abgeleitete Gleichung (22)

$$t_g - t_u = \frac{t_g - t_w}{\mathfrak{Cos}\, l \sqrt{\dfrac{a\,\pi\,d}{\lambda\,q}}},$$

worin l die Länge des Thermometerrohres, d dessen äußeren Durchmesser, q seinen Metallquerschnitt, λ die Wärmeleitzahl seines Materiales und endlich a die Wärmeübergangszahl von dem strömenden Gase auf seine äußere Oberfläche bedeuten.

Die gleiche Bestätigung ist durch Moeller[1] erbracht. Er bestimmte die Temperatur von Luft in einem elektrisch geheizten Kasten mittels eines Widerstandsthermometers, das, durch Asbest isoliert, durch eine Kastenwand hindurch geführt war. Die Luft hatte 77^0, der äußere Anschlußkopf des Thermometers 55^0, so daß zwischen ihnen 22^0 Differenz bestand. Das Thermometer war armiert in einem Schutzrohr, und zwar 1. aus einem Stahlmantel, außen mit 0,5 mm Kupfer plattiert, 2. aus einem Stahlmantel ohne Belag, 3. aus Neusilber.

In keinem Falle war wegen der kleinen, also ungünstigen Wärmeübergangszahl a der Luft eine kleinere Eintauchtiefe als 25 cm zulässig; bei dem Thermometer mit Kupfermantel war sogar eine solche von über 40 cm erforderlich, damit die Temperatur fehlerfrei gemessen wurde.

---

[1] M. Moeller, Siemens-Zeitschrift 6 (1926) S. 65.

Zur quantitativen Kontrolle der Übereinstimmung zwischen Theorie und Beobachtung bedarf man der Kenntnis der Werte von α. Diese sind für Kreuzstrom von Nußelt[1]) und Reiher[2]) bestimmt worden. Letzterer gelangt zu folgender Formel für den Teil α_b der Wärmeübergangszahl α, der sich auf die Wärmeübertragung durch B e r ü h r u n g bezieht, also mit Ausschluß des Wärmeüberganges durch Strahlung:

$$\alpha_b = \frac{0{,}35\,\lambda_m}{d} \left(\frac{(w_m\,d \cdot \varrho_m)}{\mu_m} \right)^{0{,}56} \left[\frac{\text{kcal}}{\text{m}^2 \cdot \text{st} \cdot {}^0\text{C}} \right],$$

worin die Größen w_m, ϱ_m und μ_m die Geschwindigkeit, Dichte und Zähigkeit in der Grenzschicht bezeichnen, also bei der Mitteltemperatur zwischen dem heißen Gase und der Rohroberfläche.

Obgleich die nach dieser Gleichung berechneten Zahlenwerte nicht unmittelbar auf die verhältnismäßig kurzen Thermometerstutzen übertragbar sind, so mögen sie doch auch für diese benutzt werden.[3]) Man erhält dann eine verhältnismäßig recht gute Übereinstimmung zwischen den berechneten und den von Reiher und Cleve beobachteten Meßfehlern $(t_g - t_u)$.

D) V e r h i n d e r u n g   d e s   S t r a h l u n g s v e r l u s t e s.

Bei den bisher behandelten Arten der Einführung von Meßgeräten in Kanäle oder Rohrleitungen waren nur die Lage des Meßgerätes in der Richtung zur Gasbewegung und die Wärmeableitung in den Thermometerrohren berücksichtigt worden.

Wie schon erwähnt, muß aber auch dem Wärmeverlust der Meßgeräte durch S t r a h l u n g gegen die kältere Rohrwand besondere Beachtung geschenkt werden. Die hierfür geltenden

---

[1]) W. Nußelt, Gesundheitsing., Bd. 45 (1922), S. 97.

[2]) H. Reiher, Forschungsarbeiten des V. d. I., Heft 269 (1925).

[3]) Von Interesse ist es, daß man die obige Gleichung für $(t_g - t_u)$, wie Reiher a. a. O. hervorhob, statt zur theoretischen Berechnung des Meßfehlers auch umgekehrt dazu benutzen kann, um aus den experimentell beobachteten Meßfehlern die Wärmeübergangszahl α am Thermometerrohre zu bestimmen. Man gelangt auf diese Weise zu einer Auswertung von α, ohne daß hierzu die Messung einer Wärmemenge erforderlich wäre.

grundsätzlichen Überlegungen sind theoretisch schon im § 3 eingehend behandelt worden.

Die einfachste Art, die Abstrahlung gegen die Rohrwand zu vermindern, besteht darin, daß man an der Meßstelle um die Rohrleitung eine Isolierung (Asbest-, Korkschlauch u. dgl.) anbringt. Dadurch wird die Wärmeabgabe der Rohrleitung an die Umgebung verkleinert und die Temperatur der Rohrwand erhöht. Aus diesem Grunde ist in Abb. 29, 31, 32 bereits eine Isolierung eingezeichnet. Der erzielte Erfolg in der Genauigkeit der Messung ist aus den Berechnungen des § 3 zahlenmäßig zu ersehen.

Da in einem heißen Gase die Temperatur im Querschnitt des Rohres nicht überall die gleiche, sondern in der Achse am höchsten und an der Rohrwand am tiefsten ist, so darf die äußerliche Rohrisolierung nicht angewandt werden, wenn diese Temperaturverteilung im Querschnitte selbst bestimmt werden soll. Sie ist jedoch zulässig in den viel häufiger vorkommenden Fällen, wo nur die mittlere Temperatur des Querschnittes gemessen werden soll. Alsdann ist sie sogar besonders zu empfehlen, weil die Temperaturunterschiede im Querschnitt mehr oder minder verschwinden, wenn durch die Isolierung die Wärmeabgabe durch die Rohrwand vermindert wird. Infolgedessen stellt sich im ganzen Querschnitte von selbst angenähert die Mitteltemperatur ein. Man hat somit den Vorteil, daß man durch eine einzige Messung die Mitteltemperatur erhält[1]), die man sonst nur durch eine Anzahl von Einzelbeobachtungen bestimmen kann, falls man nicht ein Widerstandsthermometer, dessen Windungen über den ganzen Querschnitt verteilt sind, oder ein Thermoelement mit hintereinander geschalteten Lötstellen (s. S. 141) benutzt.

Da die besprochene Rohrisolierung im allgemeinen den Wärmeverlust nach außen nicht vollkommen verhindert und die Rohrwandtemperatur zwar höher als beim nackten Rohre, aber doch noch nicht gleich der Gastemperatur macht, so beseitigt sie auch noch nicht vollkommen die Abstrahlung des das Meßinstrument enthaltenden Thermometerrohres gegen

---

[1]) Dies könnte sonst nur durch den Einbau einer Mischvorrichtung erreicht werden. Scharfe Krümmungen in der Rohrleitung oder Ventile wirken ebenfalls als solche.

die Rohrwand. Bei besonders genauen Messungen ist dies in einfacher Weise zu erreichen, wenn man um das Rohr eine elektrische Außenheizung herumlegt (Abb. 37). Auf das Rohr wird zuerst ein dünner Asbestmantel a gelegt, indem man sich etwa 30 bis 50 mm breite Streifen aus Asbestpappe von 0,5 bis 1 mm Dicke schneidet und in Spiralwindungen um das Rohr wickelt. Darauf wird die Heizwicklung aus Nickelinplätt b spiralig aufgelegt, zwischen deren Zwischenräumen eine parallele Wicklung aus Asbestschnur c verläuft. Hierauf wird eine zweite Wicklung aus Asbestpappe d aufgebracht, welche mit Eisendraht in Abständen von etwa 20 mm umwunden wird. Dadurch wird die Asbestschnur festgeklemmt, und die einzelnen Windungen des Nickelinbandes können sich bei Längenänderungen infolge von Erwärmung nicht berühren.

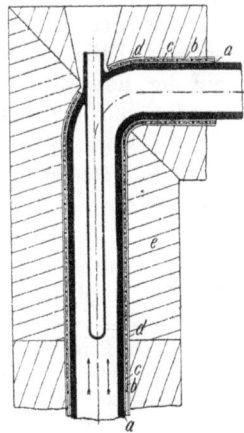

Abb. 37.
Thermometerrohr mit elektrischer Außenheizung.

Um die Heizvorrichtung wird endlich noch eine Isolierung e gelegt, um die Wärmemenge, welche die geheizten Windungen b an die kältere Umgebungsluft abgeben, möglichst klein zu machen.

Von der erzeugten Wärme fließt ein Teil durch die anstoßenden, nicht geheizten Teile der Rohrleitung ab. Da dieser Verlust nur an den beiden Enden der Heizung stattfindet, so ist es zweckmäßig, hier die Windungen des Nickelinbandes etwa doppelt so eng zu legen wie in der Mitte. Dabei soll die Länge der Heizung an beiden Enden um etwa 10 cm über das Thermometerrohr hinausragen.

Die elektrische Heizung ist nun so einzustellen, daß die Temperatur der Rohrwand gleich der mittleren Temperatur des Gasstromes ist. Alsdann kann das Thermometerrohr weder durch Leitung noch durch Strahlung Wärme an die Rohrwand abgeben und nimmt daher von selbst die mittlere Gastemperatur an. Die hierzu erforderliche Heizung Q kann entweder durch Versuch oder durch Rechnung festgestellt werden.

Im ersteren Falle bettet man ein Thermoelement zwischen die Asbestwicklung a und das Eisenrohr ein und bemißt die Heizenergie so, daß dies Element die gleiche Temperatur anzeigt wie das Thermometer im Gasstrom.

Will man dagegen auf die Messung der Wandtemperatur verzichten, weil etwa nur Quecksilberthermometer und keine Thermoelemente zur Verfügung stehen, so kann man die nötige Heizwärme auch nach den im I. Teil abgeleiteten Gesetzen der Wärmeübertragung berechnen[1]).

Die richtige Einstellung der Heizung erkennt man im ersteren Falle daran, daß die Temperaturen im Gase und auf der Rohrwand nach Verlauf einiger Zeit einander gleich werden und dann auch gleichbleiben.

Da keine Wärme nach innen in das Gas wandert, vielmehr die Heizung nur die Verluste nach außen deckt, so bewirkt sie nur, daß die mittlere Gastemperatur sich auf der Höhe hält, die sie an der Meßstelle auch ohne Anwesenheit des Thermometerrohres haben würde. Die einzige Änderung, die sich abspielt, ist die, daß die radialen Temperaturdiffe-

---

[1]) Zur Berechnung der Heizwärme Q führt folgende Überlegung: Da Q so einzustellen ist, daß der Gasstrom weder von der Rohrwand Wärme aufnimmt, noch an sie abgibt, so stellt Q diejenige Wärme dar, welche vom geheizten Teil des Rohres von der Länge L Meter radial nach außen strömt, wenn das Rohr und die Außenluft die Temperaturen t_w und t_a besitzen. Die hiefür gültige Formel ist die auf S. 33 benutzte:

$$Q = \frac{\pi L (t_w - t_a)}{\dfrac{1}{a_a D_a} + \dfrac{1}{2 \lambda} \log \operatorname{nat} \dfrac{D_a}{D_i}}.$$

Hierin ist a_a (~ 8) die Wärmeübergangszahl von der äußeren Oberfläche der Rohrisolierung an die umgebende Luft, λ die Wärmeleitzahl der um die Heizung gelegten Isolierung und D_i und D_a deren innerer und äußerer Durchmesser.

Da λ im allgemeinen nicht genau bekannt ist ($\lambda \sim 0,07$), so ist die Berechnung von Q zwar nicht mit völliger, aber doch mit praktisch hinreichender Genauigkeit durchführbar. Aus diesem Grunde ist es auch zulässig, in die Formel für t_w die gemessene Gastemperatur einzusetzen. Berücksichtigt man noch die Wärmeableitung längs des Eisenrohres durch den Zuschlag von einigen Prozenten, so erhält man mit hinreichender Annäherung die richtige Einstellung der Außenheizung.

renzen sich ausgleichen, also alle Punkte des Querschnittes die Mitteltemperatur annehmen.

Die Außenheizung eignet sich gleich gut für alle Temperaturmeßgeräte. Da bei ihr außer dem Verluste durch Strahlung auch der durch die Wärmeleitung des Thermometerrohres in Wegfall kommt, so ist nunmehr auch die radiale Einführung des Thermometerrohres zulässig[1]). Auch ist es ohne Bedeutung, ob das Meßgerät mit seinem wärmeempfindlichen Teile dem Gasstrom entgegen- oder ihm gleichgerichtet ist.

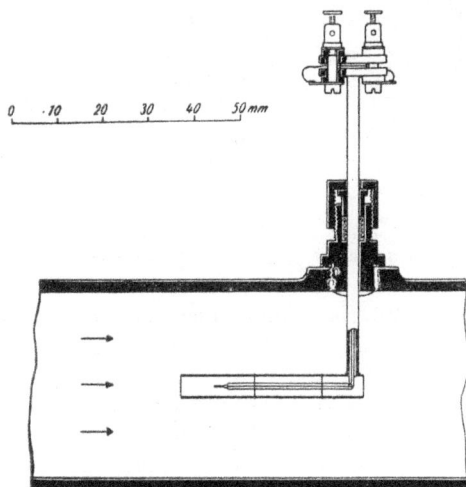

Abb. 38.   Thermoelement mit Strahlungsschutz.

Der Strahlungsverlust des Meßinstrumentes kann außer durch die um das Rohr gelegte, geheizte Isolierung auch durch einen innerhalb des Rohres angebrachten sog. »Strahlungsschutz« verhindert werden.

Sei etwa zur Temperaturmessung ein Thermoelement benutzt, so wird der Strahlungsschutz, wie auf S. 27 näher

---

[1]) Das Thermometer muß nur tief genug eintauchen oder es muß die entstehende »Fadenberichtigung« vorgenommen werden (vgl. S. 124).

ausgeführt ist, um die Lötstelle herum angebracht und von
dem vorbeiströmenden Gase auf eine Temperatur erwärmt,
die zwar niedriger ist als die der Lötstelle, aber wesentlich
höher als die des Rohres, durch
welches das Gas strömt. Das
Thermoelement steht also nicht
mehr im Strahlungsaustausch mit
der kälteren Rohrwand, sondern
mit dem wärmeren Strahlungsschutz und verliert daher auch
weniger Wärme. Die Wirkung des
Strahlungsschutzes ist demnach
ganz die gleiche, wie die einer um
das Rohr gelegten Isolierung (S. 94).

Die Oberfläche des Strah-
lungsschutzes soll möglichst stark
reflektierend sein. Er kann entweder einfach oder auch doppelt
angeordnet werden.

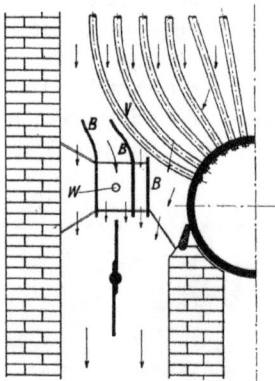

Abb. 39.
Messung der Rauchgastemperatur mit Strahlungsschutz in
der Nähe kalter Rohre.

Die Konstruktion nach Abb. 38
ist der Abb. 27 nachgebildet, je-
doch eine Laboratoriumeinrichtung. Bei Messungen im Betriebe kommt man zu anderen Anordnungen, die von Fall
zu Fall zu entwerfen sind.

Als Beispiel sei die Messung der Rauchgastemperatur
hinter einem Dampfkessel besprochen. Abb. 39 zeigt das
Schema der Anordnung. Die Einführung eines Widerstandsthermometers W von etwa 50 cm Eintauchlänge entgegen dem
Gasstrom ist hier unmöglich. Das Thermometer muß daher
senkrecht zur Strömungsrichtung (im Kreuzstrom) eingebaut
werden. Seine Wärmeabstrahlung ist vor allem groß gegen
die mit kälterem Wasser gefüllten Rohre V. Um den Gasen
den freien, ungehemmten Zutritt zum Thermometer zu ermöglichen, muß der Strahlungsschutz offen bleiben. Gegen die
Wasserrohre ist er doppelt und gegen das Mauerwerk einfach
gewählt. Er besteht aus einfachen Blechen (B, B, B), welche
im Mauerwerk und an den Rohren verankert sind. Das Instrument kann also leicht herausgenommen werden. Die Anordnung ist einfach und wirksam.

Die Wirkung eines Strahlungsschutzes ist u. a. durch Versuche von Aßmann[1]), Nußelt[2]) und Gröber[3]) festgestellt worden.

Neuere Beobachtungen über Meßfehler, die bei Temperaturmessungen heißer Gase durch Abstrahlung entstehen können, liegen von Reiher-Neidhardt[4]) und Hildenbrand[5]) vor.

Durch die ersteren wurden an einem Speisewasser-Vorwärmer, Bauart Green, Temperaturmessungen der Rauchgase vorgenommen, teils mit richtig, teils mit unrichtig eingebauten Meßgeräten, um den Einfluß der Abstrahlung an die Wasserrohre und die Mauern festzustellen. Die Messung geschah an verschiedenen Stellen im Rauchgasraum vor und hinter dem Vorwärmer und zwar mit Thermo-Elementen mit und ohne Strahlungsschutz und mit einem 2,35 m langen armierten Quecksilberthermometer der in der Praxis üblichen Art.

Bei Rauchgastemperaturen von etwa 230°C und mittleren Temperaturen der Wasserrohre und Mauern von etwa 145°C ergaben sich Meßfehler durch Abstrahlung bei den Thermoelementen bis zu 20°C, beim Quecksilberthermometer bis zu 24°C.

Bei den Versuchen von Hildenbrand wurden die Verbrennungsgase eines großen Gasbrenners unter Ausnutzung des natürlichen Zuges durch ein vertikales Rohr aus Eisenblech von 10 cm Durchmesser und 120 cm Länge geleitet. Die Temperaturen des Gases und der Rohrwand wurden mit Thermoelementen, die Gasgeschwindigkeit mittels eines Staurohres und eines Mikromanometers gemessen. Die Elemente wurden der Strömungsrichtung des Gases entgegengesetzt so eingebaut, daß sie von der Lötstelle an auf die Länge von 5 bis 8 cm axial verliefen und erst dann radial durch die Rohrwand hinausgeführt wurden. — Auf diese Weise wurde erreicht,

---

[1]) Aßmann a. a. O.

[2]) W. Nußelt, Forschungsarb. a. d. Gebiete des Ingenieurwesens, Heft 89 (1910), S. 15.

[3]) H. Gröber, ebenda, Heft 130 (1912), S. 10 und Zeitschr. d. Ver. deutsch. Ing. 1912, S. 421.

[4]) H. Reiher und G. Neidhardt, Archiv f. Wärmewirtschaft und Dampfkesselwesen 1926, S. 153.

[5]) E. Hildenbrand, erscheint demnächst im Archiv für Wärmewirtschaft und Dampfkesselwesen 1926.

daß durch Leitung keine Wärme von der heißen Lötstelle fortgeführt wurde (vgl. S. 55) und daß daher der entstehende Meßfehler allein von der Abstrahlung an die kältere Rohrwand herrührte.

Die wirklich vorhandene Gastemperatur wurde mittels eines Elementes gemessen, das einen elektrisch heizbaren Strahlungsschutz besaß.

In der nachstehenden Zahlentafel der Temperaturen gelten:

t_w für die Rohrwand,

t_s für den nicht geheizten Strahlungsschutz,

t_f für ein »frei« im Gas befindliches Element,

t' für das vom ungeheizten Strahlungsschutz umgebene Element,

t_g für die wahre Gastemperatur;

endlich bezeichnet w die Gasgeschwindigkeit in m/sec.

w	t_w	t_s	t_f	t'	t_g	$t_g - t_f$	$t_g - t'$
2,34	116	208	211,4	215,3	217	5,6	1,7
2,56	200	388	389,3	420	429	30,7	9
4,52	258	464	466	494	510	44	16
0,97	168	350	369	380	440	71	60

Nach dieser Tabelle zeigte z. B. bei einer Geschwindigkeit von $w = 0,97$ m/sec, einer Gastemperatur von $t_g = 440^0$ C und der Wandtemperatur von $t_w = 168^0$ das frei im Gasstrome befindliche Element nur $t_f = 369^0$ an, wies also einen Meßfehler von nicht weniger als 71^0 auf. Durch Anbringung des (ungeheizten) Strahlungsschutzes, der sich auf $t_s = 350^0$ erwärmte, stieg die vom Gaselement angezeigte Temperatur nur auf $t' = 380^0$, so daß sich der Fehler immer noch auf 60^0 belief. Erst ein außen um das Rohr gelegter Wärmeschutz würde eine wesentliche Verminderung seines Wertes herbeiführen.

Auch die mit dem Strahlungsschutz gewonnenen Messungen geben also vielfach noch nicht die vollkommen richtige Temperatur des Gases an. Ebenso wie der Meßfehler durch die um das Rohr gelegte Isolierung zwar vermindert, aber erst

durch die elektrische Heizung der Isolierung zum Verschwinden gebracht werden konnte, so genügt auch der Strahlungsschutz allein noch nicht, um die Abstrahlung des Meßinstrumentes zu beseitigen. Deinlein[1]) hat
daher vorgeschlagen, den Strahlungsschutz durch eine elektrische
Heizung auf diejenige Temperatur
zu erwärmen, welche das Gas besitzt. Alsdann kann das Element
durch Strahlung keine Wärme ver-
lieren und nimmt daher die Temperatur des Gases an. Bei Versuchen
im Laboratorium hat sich folgende
Anordnung gut bewährt (Abb. 40).

Der Strahlungsschutz des mit
Asbestfäden zentrierten Thermoelementes Th_i besteht aus einem
Rohr aus Kupferblech. Zur Bestimmung seiner Temperatur ist
ein Thermoelement Th_a aufgelötet,
mit Glasperlen isoliert und längs
einer Mantellinie des Zylinders a
herausgeführt. Das Kupferblech ist
mit einer dünnen Lage Asbest belegt, welches die elektrische Wider-
standswicklung aus Nickelinplätt
trägt. Das Ganze ist nochmals mit
einer Lage Asbest versehen und mit
einem Messingblech bedeckt. Mittels
Rohrschellen b wird dieses zusam-
mengehalten und am Zuführungs-

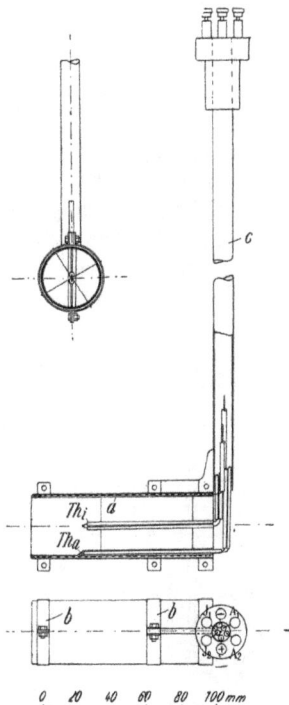

Abb. 40.
Thermoelement mit elektrisch
geheiztem Strahlungsschutz.

rohr c befestigt. Das Rohr c enthält die in Glasröhrchen
liegenden Drähte der Thermoelemente Th_i und Th_a, sowie
auch die Zuführungsdrähte für die elektrische Heizenergie.
Abb. 40a zeigt eine Photographie des Meßgerätes, das in
Heißluftleitungen mit geringem Überdruck zur Verwendung
kam.

---

[1]) Deinlein, Zeitschr. d. bayer. Revisions-Ver. 1914, S. 61.

Mit diesem elektrisch geheizten Strahlungsschutz[1]) sind in der oben (S. 77) erwähnten Versuchsanlage folgende Temperaturen gemessen worden:

Die Temperatur der Kanalwandungen betrug 220⁰ C, die Gasgeschwindigkeit 5 m/sec. Das Element zeigte, ohne daß die Heizung des Strahlungsschutzes in Gebrauch genommen wurde, 326,7⁰ C an, während die Temperatur des Strahlungsschutzes 318⁰ C betrug. Nach Einschalten der Heizung, welche so eingestellt wurde, daß die Elemente Th_i und Th_a gleiche Temperaturen zeigten, wurde die Gastemperatur zu 328,6⁰ C bestimmt. Dies ist also der wahre Wert der Gastemperatur. Der Fehler bei Benutzung eines einfachen Strahlungsschutzes ist demnach noch 1,9⁰ C gewesen.

Will man den geheizten Strahlungsschutz auch in einer Hochdruckleitung verwenden, so wäre die geeignetste Einführung wohl die nach Abb. 32 an einer Flanschverbindung. Hierbei wird das in Glasröhrchen befindliche Thermoelement mit Asbestfäden oder dünnem Draht (Abb. 40) gefaßt und im Strahlungsschutz aufgehängt. Dieser wird sodann wie in Abb. 32 an Schellen befestigt und in das Rohr eingesetzt. Die Drähte der Thermoelemente sowohl wie die der Stromzuführung werden durch die Dichtung herausgeführt.

Die in § 3 abgeleiteten Gesetzmäßigkeiten für die Größe des Meßfehlers werden auch durch neuerliche, sorgfältige Versuche von M. Moeller[2]) bestätigt.

Abb. 40a.

---

[1]) Vergleicht man die oben (S. 95) beschriebene elektrische Außenheizung mit dem elektrisch geheizten Strahlungsschutz, so kann man sie geradezu wie einen aus dem Rohrinnern auf die äußere Rohroberfläche, also an eine bequemer zugängliche Stelle verlegten Strahlungsschutz auffassen. Ebenso wie hier der Strahlungsschutz, so wird dort durch die Außenheizung die Rohrwand bis auf die Gastemperatur hinaufgeheizt.

[2]) M. Moeller, Siemens-Zeitschrift, 6 (1926), S. 65.

In einer Leitung von 15 cm Durchmesser strömte Dampf
von 5 bis 6 at; entweder gesättigter Dampf von 150⁰ C mit
einer Geschwindigkeit von etwa 35 m/sec, oder überhitzter
von etwa 300⁰ C mit 40 bis 50 m/sec.

Ein in ein Thermometerrohr eingesetztes Thermoelement
war zur Bestimmung der Temperatur durch einen seitlich an
der Dampfleitung angebrachten Stutzen eingeführt. Bei guter
äußerer Wärme-Isolierung des Stutzens wurde im überhitzten Dampf die Temperatur bei der Eintauchtiefe des Elementes von 25 cm richtig gemessen, während bei nicht iso-
liertem Stutzen auch dann noch die gemessenen Temperaturen
um 4 bis 6⁰ zu tief lagen. — Bei Sattdampf genügte jedoch
schon eine Eintauchtiefe von etwa 6 cm zur richtigen
Messung der Dampftemperatur.

E) Verbesserung der Wärmeübertragung durch
Vergrößerung der Gasgeschwindigkeit.

Bei den bisher besprochenen Maßnahmen, die Genauigkeit
der Temperaturmessung in Gasen und Dämpfen möglichst zu
erhöhen, ging das Bestreben dahin, bei den gegebenen Verhältnissen die Wärmeverluste des Meßgerätes zu verkleinern. Nun
kann bei technischen Messungen der Fall eintreten, daß
wegen der räumlichen Beschränkung die bisher besprochenen
Methoden nicht zur Anwendung kommen können, weil der
vorhandene Raum den Einbau oder den Wärmeschutz des
Meßgerätes in einer der oben besprochenen Arten nicht
gestattet. Ein Ausweg kann dann in der Weise gefunden
werden, daß man die Wärmeübertragung auf das Meßinstrument, also die Wärmeübergangszahl durch eine künstliche
Vergrößerung der Gas- oder Dampfgeschwindigkeit so verbessert, daß dagegen der Wärmeverlust vernachlässigt werden kann.[1])

Dieser Gedanke liegt dem schon auf S. 71 (Abb. 20)
besprochenen Aspirationsthermometer zur Temperaturmessung

---

[1]) Hierbei ist nicht zu befürchten, daß das strömende Gas
durch Stoß oder Reibung an dem Meßgerät Wärme in nennens-
wertem Betrage erzeugt und dadurch seine Temperatur erhöht.
Denn man wird durch passende Formgebung und geeigneten Einbau
des Meßgerätes den Stoß und die Reibung möglichst klein zu
halten suchen.

der freien atmosphärischen Luft zugrunde. Seine folgerichtige Anwendung auch auf das weitere Gebiet der Technik führt zu zweierlei Meßeinrichtungen.

a) Das Ausblasepyrometer.

Die Methode der künstlich erhöhten Geschwindigkeit des Gases ergibt bei Leitungen oder Räumen, welche unter Überdruck stehen, das »Ausblasepyrometer« etwa nach folgender Bauart des Thermometerrohres (Abb. 41). In die Rohrleitung wird das Rohr a dicht eingesetzt, in welches ein zweites Rohr b eingeschweißt ist. Das letztere enthält das eigentliche Thermometerrohr c. Am oberen Teile ist die Abzweigleitung d mittels eines kleinen Ventiles e abgeschlossen. Zum Zwecke der Messung wird letzteres geöffnet, so daß das Gas mit hoher Geschwindigkeit durch die Ringquerschnitte f und g strömt. Man dimensioniere diese nicht zu groß[1]) und öffne im praktischen Gebrauch das Ventil so lange, bis das Thermometer nicht mehr höher ansteigt.

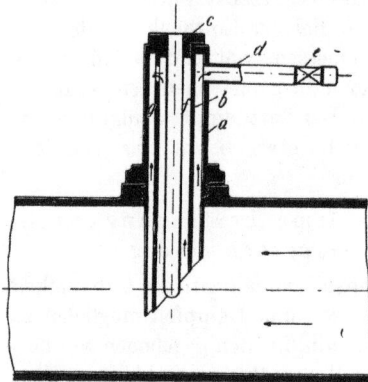

Abb. 41. Ausblasepyrometer.

Das Rohr b wird durch das Gas, welches durch den Querschnitt g strömt, von außen geheizt und wirkt somit als »geheizter Strahlungsschutz« (ebenso wie das Rohr c im Wassersiedeapparat Abb. 72 S. 161).

Mit einem solchen Ausblasepyrometer kann in einfacher Weise die Abhängigkeit des Meßfehlers von der Gasgeschwindigkeit bestätigt und die in § 3 berechneten Meßfehler experimentell nachgewiesen werden[2]).

---

[1]) In dem Ringkanal f darf jedoch kein wesentlicher Druckabfall stattfinden, da dieser eine Temperatursenkung zur Folge hätte.

[2]) Bei geeigneter Wahl der Versuchsbedingungen ist diese Anordnung zur Ermittlung der teilweise noch unbekannten Wärme-

Das Ausblasepyrometer hat folgende Vorteile:

1. Da das Gas von allen Seiten in die Ringkanäle hinein-gerissen wird und daher bei nicht zu großem Querschnitt der Rohrleitung auch die am Rande strömenden Gasteile bei der Temperaturmessung zur Geltung kommen, so liefert diese Messung unmittelbar die Mitteltemperatur, deren Bestimmung sonst meist ein Verschieben des Meßgerätes notwendig macht.

2. Der aus der Rohrleitung herausragende Teil von a kann so lang gemacht werden, daß die ganze Länge des Quecksilber-fadens des Thermometers vom Gasstrom umspült wird und daher keine Korrektur des herausragenden Fadens notwendig ist.

3. Die Messung wird unabhängig von der in der Rohr-leitung selbst herrschenden Geschwindigkeit, welche ja auf den Wärmeübergang vom heißen Gas auf das Temperatur-meßgerät und daher auf die Einstellung des letzteren selbst von großem Einfluß ist.

4. Da das Thermometerrohr ganz außerhalb der gasdurch-strömten Rohrleitung liegen kann, so ist die Messung von Temperaturen auch in den Fällen möglich, die ein Eintauchen des Thermometerrohres in den Gasstrom nicht erlauben (z. B. an den Zwischenstufen von Dampfturbinen).

Die Einwirkung der Gasgeschwindigkeit auf die Ein-stellung des Thermometers verdient deshalb ausdrücklich hervorgehoben zu werden, weil man in der Praxis von den messenden Ingenieuren nur allzu oft die Bemerkung hört, daß es ihnen nur auf Vergleichsmessungen ankomme, und daß ihre Messungen, wenn auch nicht genau richtig, doch alle um den gleichen Betrag falsch seien. Ausdrücklich muß betont werden, daß Temperaturmessungen bei ver-schiedenen Gas- oder Dampfgeschwindigkeiten auch bei sonst unveränderter Anordnung überhaupt nicht unmittelbar mit-einander vergleichbar sind, und daß daher bei solchen »ver-meintlichen« Vergleichsversuchen z. B. bei der Abnahme von Dampfmaschinen beträchtliche Irrtümer vorkommen können.

übergangszahlen von Gasen an Thermometerrohre und darüber hinaus auch an Rohre größeren Durchmessers sehr geeignet, indem man unter Benutzung der Gleichung 10 des § 3 (S. 25) aus dem beobachteten Meßfehler $(t_j - t')$ die Größe a' berechnet, wie dies oben S. 93 bereits erwähnt wurde.

Sei z. B. eine Temperaturmessung in einer isolierten Dampfzuleitung, etwa nach Abb. 29, ausgeführt, so kann der Fehler bei Vollast der Maschine, zu deren Betrieb überhitzter Dampf von 9 Atm. und 300⁰ C zur Verfügung stehen möge, wegen der hohen Geschwindigkeit in der Rohrleitung von etwa 20 m/sec vernachlässigt werden. Bei den Untersuchungen mit Teillast sinke die Geschwindigkeit entsprechend der kleineren Dampfmenge etwa auf 5 m/sec. Dieselbe Temperatur von 300⁰ C wird jetzt aber mit einem größeren Fehler bestimmt.

Bei dem Verfahren nach Abb. 41 ist diese Möglichkeit der Fehlmessung ausgeschlossen, da der Dampf in beiden Versuchen mit der gleichen nur vom Druck abhängigen Geschwindigkeit an dem Thermometerrohr vorbeiströmt.

Der Einbau gestaltet sich so einfach wie bei dem gewöhnlichen Thermometerrohr. Sollte bei der Messung im Wasserdampf dessen Ausströmen lästig sein, so kann man ihn in ein kleines mit Wasser gefülltes Gefäß leiten oder in die Abdampfleitung der Maschine einströmen lassen.

Das Verfahren erreicht die Genauigkeit und Vollkommenheit der Methode der Außenheizung des Rohres und besitzt den von vielen Praktikern noch hoch eingeschätzten Vorteil, Quecksilberthermometer anwenden zu können.

b) Das Absaugepyrometer.

Die geschilderte Methode künstlicher Erhöhung der Geschwindigkeit bleibt endlich auch anwendbar bei Leitungen mit geringem Über- oder Unterdruck, wie etwa bei Lüftungskanälen oder Kesselzügen. In diesem Falle wird eine Pumpe zum Absaugen der Gase benutzt, ähnlich wie bei oben erwähntem Aspirationsthermometer.

Das »Absaugepyrometer« hat in der Praxis eine erhöhte Bedeutung:

1. wenn die Geschwindigkeiten der Gase klein (etwa bis 3 m/sec) sind, da hier die Übertragung der Wärme an das Thermometerrohr wegen des kleinen Wertes der Wärmeübergangszahl α gering ist,

2. wenn die zu messenden Temperaturen hoch sind.

Denn der Strahlungsaustausch zwischen Thermometerrohr und Umgebung ist proportional der Differenz der vierten Potenzen von deren absoluten Temperaturen. Diese wächst aber außerordentlich stark mit der Höhe der Temperatur, wie folgende Tabelle zeigt:

Temperatur		Differenz	
des Gases bzw. Thermometerrohres t_g	der umgebenden Flächen t_w	der ersten Potenzen $t_g - t_w$	der vierten Potenzen $\left(\dfrac{T_g}{100}\right)^4 - \left(\dfrac{T_w}{100}\right)^4$
200⁰	150⁰	50⁰	176
500⁰	450⁰	50⁰	840
1000⁰	950⁰	50⁰	3850

Bei gleichem Temperaturunterschiede von 50⁰ ist daher der Strahlungsaustausch und somit die Gefahr von Meßfehlern bei hohen Temperaturen ganz wesentlich größer als bei niedrigen Temperaturen.

In neuerer Zeit sind Konstruktionen geeigneter Absaugevorrichtungen von der Wärmestelle Düsseldorf veröffentlicht worden[1]).

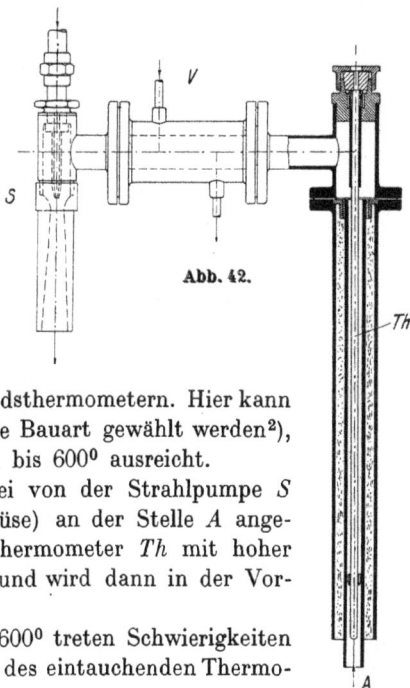

Abb. 42.

Meist handelt es sich um Temperaturmessungen mit Thermoelementen oder Widerstandsthermometern. Hier kann die in Abb. 42 dargestellte Bauart gewählt werden[2]), welche für Temperaturen bis 600⁰ ausreicht.

Das Gas wird hierbei von der Strahlpumpe S (Druckluft oder Dampfdüse) an der Stelle A angesaugt, strömt an dem Thermometer Th mit hoher Geschwindigkeit entlang und wird dann in der Vorlage V gekühlt.

Bei Messungen über 600⁰ treten Schwierigkeiten auf wegen des Erweichens des eintauchenden Thermometerrohres.

[1]) Verein deutscher Eisenhüttenleute, Düsseldorf, Mitteilung Nr. 37 (Juni 1922) und Nr. 65 (Oktober 1924). — Vgl. auch M. Quack, Zeitschr. d. Bayer. Rev. Vereins 29 (1925) S. 5.

[2]) Bedauerlicherweise sind solche Geräte noch nicht im Handel erhältlich.

Leicht und ohne großen Kostenaufwand lassen sie sich überwinden, wenn man die Absaugevorrichtung mit einem Strahlungspyrometer (vgl. § 15) verbindet. Man bringt erstere hierbei (nach Abb. 43) vertikal hängend in dem Gaskanal an, so daß die Messung auch bei Weichwerden des Rohrmateriales möglich bleibt.

Das Absaugerohr ist am Ende geschlossen und erhält dort eine größere Zahl kleiner Löcher, durch welche die Feuergase

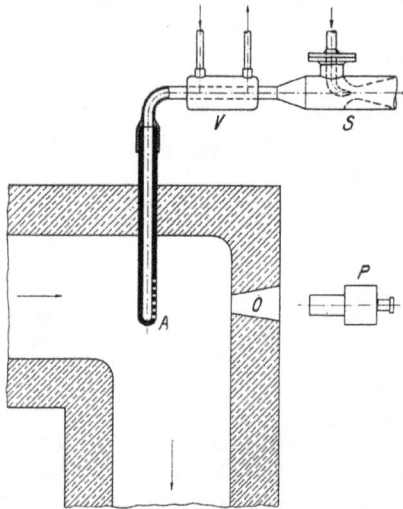

Abb. 43.
Absauge-Einrichtung mit Strahlungspyrometer.

mit großer Geschwindigkeit eingesaugt werden. Die Temperatur dieses Teiles des Absaugerohres nimmt daher sehr angenähert die Temperatur des Gases an. Bestimmt man sie durch eine Öffnung O (Abb. 43) mit einem Strahlungspyrometer P, so erhält man eine richtige Messung.

Da die Temperaturmessungen in Gasen und Dämpfen einerseits eine gewisse Wichtigkeit besitzen, anderseits leicht fehlerhaft ausfallen, so sei zusammenfassend bemerkt, daß bei höheren Temperaturen eine angenäherte Bestimmung erzielt wird:

1. durch eine Isolierung der Rohrleitung,

2. durch einen Strahlungsschutz des Meßinstrumentes, daß in allen Fällen eine genaue Messung erreicht wird,

    a) durch eine Außenheizung der Rohrleitung,

    b) durch einen geheizten Strahlungsschutz,

    c) durch eine lokale Erhöhung der Strömungsgeschwindigkeit des Gases.

Es sei noch hervorgehoben, daß in bestimmten Einzelfällen auch die Verfahren nach 1. und 2. eine genaue Temperaturmessung ermöglichen, z. B. bei großer Gasgeschwindigkeit oder geringem Strahlungsverlust.

§ 9. Temperaturmessung in Flüssigkeiten.

Die Temperaturmessung in Flüssigkeiten erfordert beim Einbau der Meßgeräte keine wesentlich anderen Maßnahmen als die bei der Messung in Gasen. Die leitenden Gesichtspunkte sind auch hier: Die Wärmeableitung durch die Armatur des Meßgerätes oder dieses selbst muß möglichst gering und die Wärmezufuhr aus der Flüssigkeit muß möglichst gut sein.

Hierfür liegen bei den Flüssigkeiten günstigere Verhältnisse vor als bei den Gasen:

1. Es kommt der Einfluß der Wärmestrahlung in Wegfall.

2. Die Wärmeübertragung an das Meßgerät ist gut. Denn die Wärmeübergangszahlen α sind im allgemeinen sehr hoch; z. B. für Wasser, das wohl vorwiegend in Betracht kommt, ist $\alpha = 500$ bis 3000.

3. Wegen der hohen Wärmeübergangszahlen ist auch im allgemeinen die Temperatur der Kanalwandungen nahezu gleich der Temperatur der Flüssigkeit. Daher ist die Wärmeableitung vom Meßgerät an die Wandung gering[1]).

Trotzdem können auch bei Flüssigkeiten Meßfehler wegen ungeeigneten Einbaues der Thermometer vorkommen.

---

[1]) Vgl. W. Koch, erscheint demnächst im Archiv für Wärmewirtschaft und Dampfkesselwesen 1926.

Z. B. findet man öfters bei engen Flüssigkeitsleitungen (z. B. bei Kältemaschinen) Anordnungen nach Abb. 26, die aus den bei der Temperaturmessung in Gasen (S. 79) angegebenem Grunde fehlerhaft sind.

Den fälschenden Einfluß der Gefäßwand auf die Angaben eines Thermometers zeigt folgendes Beispiel:

In einem Wärmeaustauscher nach Abb. 44 lag zur Beheizung eines mit Flüssigkeit gefüllten Bottiches A eine von

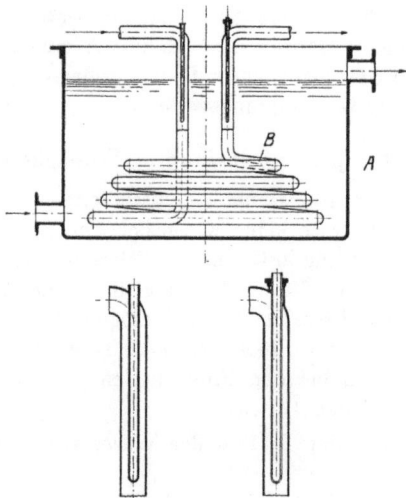

Thermometerrohr aus
Eisen   Glas.
Abb. 44.

warmem Wasser durchströmte Rohrschlange B. Die Temperatur des in diese einströmenden (t_e) und des aus ihr ausströmenden Wassers (t_a) war zunächst mit Thermometern bestimmt worden, die in eiserne, in die Leitung eingeschweißte Thermometerrohre geschoben wurden. Es wurde gemessen:

$$t_e = 96^0 \text{ C}, \quad t_a = 87{,}2^0 \text{ C}.$$

Die zu beheizende Flüssigkeit, welche dauernd den Behälter A durchströmte und gut durchmischt wurde, hatte in der Nähe des ein- und austretenden Teiles der Rohrschlange 35^0 C. Wegen der fast gleichen Wärmeübergangszahlen an

der inneren und äußeren Oberfläche der Rohrschlange lag die
Temperatur der Rohrwandung je in der Mitte zwischen den
Flüssigkeitstemperaturen innen und außen (etwa 66⁰ an der
Eintrittsstelle, 62⁰ an der Austrittsstelle). Sie war also ver-
hältnismäßig tief, und es war daher die Möglichkeit einer
Wärmeableitung von dem Thermometerrohr an die Wandung
vorhanden.

Um den dadurch bedingten Meßfehler experimentell festzustellen, waren neben den eisernen Thermometerrohren mittels Stopfbüchsen noch solche aus Glas angebracht, bei denen
die Wärmeableitung nahezu in Fortfall kam. Es wurde hier
gemessen:

an der Eintrittsstelle 98,2 (mit Glasrohr) gegen 96⁰ (mit
Eisenrohr),

an der Austrittsstelle 89 (mit Glasrohr) gegen 87,2⁰ (mit
Eisenrohr).

Die Fehler betrugen also 2,2 bzw. 1,8⁰ C.

Aus der durchströmenden Wassermenge und der Temperaturdifferenz sollte die Wärmeabgabe bestimmt werden.
Da die mit eisernen Thermometerrohren bestimmte Differenz
9,2⁰, die mit Rohren aus Glas dagegen 8,8⁰ C war, so hätte
der Fehler der Endgröße, nämlich der Wärmemenge, 5% betragen.

Der Temperaturverteilung dieses Beispieles sind diejenigen
vieler Wärmeaustauscher der Praxis ähnlich, und man erkennt,
daß bei Temperaturmessungen in Flüssigkeiten die Möglichkeit
der Meßfehler nicht ausgeschlossen ist. Das sicherste Mittel
ihrer Vermeidung ist von vornherein die Verwendung von
Thermometerrohren und Armaturen, die möglichst nach den
gleichen Gesichtspunkten gebaut sind, die oben bei der Messung in Gasen besprochen wurden.

III. TEIL.
Beschreibung der Temperaturmeßgeräte.

Im ersten Teile sind die Grundgesetze der Wärmeübertragung besprochen und für einige in der Praxis öfters vorkommende Fälle die Fehler ausgerechnet worden, die bei der Temperaturbestimmung dadurch entstehen, daß das Meßinstrument Wärme zur Meßstelle zu- oder von ihr fortleitet. Im zweiten Teile sind für eine größere Zahl solcher Fälle die experimentellen Anordnungen . beschrieben, durch die sich diese Meßfehler vermeiden lassen. Dabei sind die leitenden Gedanken unabhängig von der Beschaffenheit des benutzten Meßinstrumentes, entwickelt worden, sei dies ein Flüssigkeits- oder ein elektrisches Thermometer. — Im dritten Teile seien nunmehr einige der gebräuchlichen Meßgeräte nebst den erforderlichen Hilfsapparaten beschrieben. Dies sind vor allem die Flüssigkeitsthermometer, Thermoelemente und Widerstandsthermometer.

Der Vollständigkeit halber seien auch die bei hohen Temperaturen in stetig wachsender Zahl zur Anwendung kommenden »Strahlungspyrometer« kurz besprochen, mit denen die Temperatur der Körper auf Grund der von ihnen ausgehenden Strahlung bestimmt wird. Diese Meßinstrumente kommen mit dem zu messenden Körper gar nicht in Berührung und können daher nicht wie die Flüssigkeits- oder elektrischen Thermometer durch ungeeignete Art des Einbaues zu Fehlern Veranlassung geben.

§ 10. Einstellungsträgheit.

Eine Temperaturbestimmung läuft immer darauf hinaus, daß man die Einstellung irgendeines Instrumentes abliest. Dies kann bei einem Quecksilberthermometer die Flüssigkeitskuppe in der Kapillare oder bei elektrischen Temperaturmes-

sungen der Zeiger eines Volt- oder Amperemeters sein. In allen
Fällen kann selbstverständlich die Messung nur dann richtig
sein, wenn das Instrument nach dem Einbringen an die Meßstelle auch bereits Zeit gehabt hat, die dort herrschende Temperatur anzunehmen.

Dieser Temperaturausgleich ist nun durch einen zuweilen
sehr verwickelten Vorgang der Wärmeübertragung bedingt.
Angenommen sei etwa ein in eine Armatur eingebautes Widerstandsthermometer, das in einen unten geschlossenen, teilweise
mit Öl gefüllten Thermometerstutzen eingeschoben und zur
Temperaturmessung eines Gases benutzt werden soll. Die
Temperatur des Gases muß sich alsdann durch das Material
des Stutzens und das Öl mit dem Widerstandsthermometer
ausgleichen, sich ferner auf die Armatur übertragen und endlich noch den beweglichen Teil des Voltmeters auf die richtige
Stellung bringen.

Diese Einstelldauer muß vor der Ausführung der Ablesung
erst abgewartet werden. Man spricht in diesem Sinne von einer
»Einstellungsträgheit« der Meßinstrumente. Sie soll im allgemeinen möglichst gering sein.

Wie schon aus dem angegebenen Beispiele ersichtlich ist,
hängt die Trägheit nicht allein von dem Meßinstrument selbst,
also etwa dem Flüssigkeits- oder elektrischen Thermometer,
sondern auch von den zum Einbau benutzten Vorrichtungen,
also dem Stutzen, der Armatur usw. ab. Infolge der Verschiedenheit der Verhältnisse, welche bei den technischen Temperaturmessungen vorliegen, ist es unmöglich, über die Größe
der Einstellungszeit zahlenmäßige Angaben zu machen, vielmehr muß jeder Beobachter für das von ihm gewählte Meßinstrument die Einstellzeit selbst bestimmen und sie vor der
Ausführung seiner Beobachtungen verstreichen lassen.

Die Größe der Einstellungszeit entscheidet bei der Messung
von zeitlich rasch wechselnden Temperaturen, ob ein Meßinstrument überhaupt verwendbar ist[1].

Von vornherein verbietet sich dann die Anwendung von
Flüssigkeitsthermometern, da diese eine zu große Trägheit

---

[1] Vgl. A. Nägel, Z. d. V. d. I. 1913, S. 1074; A. Petersen,
Forschungsarb. a. d. Gebiete des Ingenieurwesens, Heft 143 (1913),
S. 39; E. B. Wolff, Zeitschr. »Der Ölmotor« 1914/15, S. 454.

haben. Es kommen daher nur Thermoelemente oder Widerstandsthermometer in Betracht. Aber auch bei diesen läßt es sich nur durch wohlüberlegte Konstruktion des Meßgerätes erreichen, daß dieses schon nach Bruchteilen einer Sekunde die schnell wechselnde Temperatur des Versuchskörpers anzeigt.

Zu diesem Zweck muß die Wärmemenge, die vom Meßgerät aufgenommen wird, möglichst klein sein. Sein temperaturempfindlicher Teil muß also eine kleine Masse haben[1]). — Ferner ist zu empfehlen, dem Instrument bei kleiner Masse eine große Oberfläche zu geben, um den Wärmeaustausch zwischen ersterem und der Meßstelle zu begünstigen.

Die Thermoelemente und Widerstandsthermometer erhalten daher die Form von dünnen Drähten oder Bändern, denen große Werte der Wärmeübergangszahl entsprechen. Um Temperaturen von 0,1 Sekunden Dauer zu messen, wird der Drahtdurchmesser zweckmäßig nur 0,02 mm stark, der Querschnitt der Bänder $0,5 \times 0,03$ mm^2 groß gewählt. Aus Gründen der mechanischen Festigkeit sind diese Drähte nur so lang zu wählen, als es unbedingt notwendig ist. Die Zuleitungsdrähte können einen größeren Durchmesser haben. Es ist dabei besonders auf die Temperaturgleichheit an den zwei Verbindungsstellen zu achten, um störende Thermokräfte zu vermeiden. Bei Thermoelementen vermehrt die Verdickung an den Lötstellen etwas die Trägheit der Temperaturangabe. Für Widerstandsthermometer, welche eine größere Drahtlänge benötigen, kann man ein Gestell ähnlich dem der Metalldrahtlampen benutzen.

Als Material kommt in Frage: für Thermoelemente hauptsächlich Platin-Platinrhodium, für Widerstandsthermometer Platin, Platin-Iridium und Wolfram.

Zur Messung der auftretenden elektrischen Spannung kann nur eine Ausschlagsmethode mit selbsttätiger Registrierung benutzt werden. Das dazu nötige Galvanometer muß eine sehr geringe Trägheit besitzen, und die Vorrichtung zum Aufzeichnen des Ausschlages darf auf diesen selbst keinen

---

[1]) Hierdurch wird gleichzeitig verhindert, daß das Miterwärmen des Meßgerätes den Wärme-Inhalt des Versuchskörpers merklich beeinflußt.

behindernden Einfluß ausüben. Diesen Bedingungen paßt sich am besten das Saitengalvanometer an (siehe S. 134, Abb. 52) in Verbindung mit einer photographischen Registrierung.

Bei der Messung schnell wechselnder Temperaturen muß man auf die Anbringung von Strahlungsschutz, Schutzheizung und ähnlichen Vorrichtungen verzichten, die bei der Bestimmung gleichbleibender Temperaturen empfohlen worden sind. Man kann nur allgemein auf die Verminderung der Wärmeableitung bedacht sein.

Während man, wie erwähnt, meist daranach streben wird, die Trägheit des Meßinstrumentes recht klein zu machen, kann es unter gewissen Umständen erforderlich sein, sie durch besondere Maßnahmen künstlich zu vergrößern. (Vgl. § 5 A, S. 52 und § 7 B, S. 73).

Zahlenangaben über die Größe der Einstellungsträgheit der verschiedenen Meßinstrumente finden sich vielfach in der Literatur[1]).

§ 11. Flüssigkeitsthermometer.

A) Das Quecksilberthermometer und die Temperaturskala.

Bei den Flüssigkeitsthermometern wird die Temperatur durch die Ausdehnung einer in einem Gefäß eingeschlossenen Flüssigkeit bestimmt. Als solche ist in den weitaus meisten Fällen Quecksilber in Gebrauch. Das Gefäß besteht aus Glas und nur bei ganz hohen Temperaturen aus Quarz. Da sich dieses bei der Erwärmung ebenfalls ausdehnt, so ist die zur Beobachtung kommende Ausdehnung der Flüssigkeit um den Betrag der Gefäßausdehnung kleiner. Es wird also in Wirklichkeit die sog. scheinbare Ausdehnung des Quecksilbers im Glase bestimmt, und eine auf solche Beobachtungen gegründete Definition der Temperaturskala würde sich also an die »scheinbare« Ausdehnung des Quecksilbers im Glase anschließen.

Da der kubische Ausdehnungskoeffizient des Glases nur etwa $1/8$ von dem des Quecksilbers beträgt und sich außerdem für verschiedene Glassorten in verschiedener Weise mit der

---

[1]) Vgl. u. a.: R. Aßmann a. a. O.; de Quervain, Meteorolog. Zeitschr. 1911; H. Hausen a. a. O.; G. Keinath a. a. O.

Temperatur ändert, so erscheint diese Grundlage für die Definition der Temperaturskala zunächst nicht glücklich. Den Vorzug verdient die an das Gasthermometer angeschlossene Skala, bei der für eine abgeschlossene Gasmenge die durch die Temperatur bedingte Änderung gemessen wird, und zwar entweder die Druckzunahme bei konstant gehaltenem Volumen oder die Volumenzunahme bei konstant gehaltenem Druck. Selbstverständlich erfährt auch beim Gasthermometer das das Gas einschließende Gefäß durch die Temperatursteigerung eine Ausdehnung, in gleicher Weise wie das Gefäß des Flüssigkeitsthermometers. Diese ist aber beim Gasthermometer von viel geringerem Einfluß, da die kubische Ausdehnung der Gefäßwand wesentlich kleiner ist als die des Gases, z. B. für Glas nur etwa $1/_{150}$.

Bei der Definition der an das Gasthermometer angeschlossenen Temperaturskala denkt man sich ersteres mit Wasserstoff solcher Dichte gefüllt, daß er bei 0^0 den Druck von 1 m Quecksilber ausübt.

Als Fundamentalpunkte für die Einteilung der Thermometerskala sind bekanntlich der Schmelzpunkt des Eises und der dem Druck von 760 mm Quecksilber zugehörige Siedepunkt des Wassers im Gebrauch, die mit 0^0 und 100^0 bezeichnet werden.

Sowohl gegen die an das Quecksilber- als gegen die an das Gas-Thermometer angeschlossene Temperaturskala kann der Einwand erhoben werden, daß ihnen ein vollkommen willkürlich ausgewählter Körper (Quecksilber im Glase oder Gas) zugrunde gelegt sei. Von diesem Gesichtspunkte aus kommt der sog. thermodynamischen Temperaturskala eine besondere Bedeutung zu, weil sie auf keinen bestimmten Körper Bezug nimmt. Sie gründet sich allein auf den das gesamte Weltgeschehen umfassenden zweiten Hauptsatz der mechanischen Wärmetheorie.

Für einen sog. Carnot'schen Kreisprozeß, bei dem zwei isotherm (also bei konstanter Temperatur) verlaufende Änderungen mit zwei adiabatischen (also solchen, bei denen Wärme weder zu- noch abgeführt wird) verbunden werden, ergibt sich aus dem zweiten Hauptsatze eine bekannte, wichtige Folgerung. Es kann nämlich nur ein ganz bestimmter, von der

Beschaffenheit des dem Kreisprozeß unterworfenen Körpers völlig unabhängiger, dagegen allein durch die zwei Temperaturen, bei denen sich die isothermen Vorgänge abspielen, bedingter Bruchteil der von dem Körper bei der höheren Temperatur aufgenommenen Wärme in äußere Arbeit verwandelt werden.

Hieraus ergibt sich die Möglichkeit einer neuen, von den bisher besprochenen völlig verschiedenen Temperaturskala, indem man ohne jede willkürlich getroffene Wahl des den Kreisprozeß durchlaufenden Körpers aus der Größe der gewonnenen Arbeit eine Festsetzung über die Größe von Temperaturintervallen vornehmen kann. Die thermodynamische Skala setzt nun die Intervalle zwischen einer gegebenen Temperatur und anderen Temperaturen proportional der Arbeit, die man mit einem beliebigen Körper gewinnen kann, der einen umkehrbaren thermodynamischen Kreisprozeß zwischen der gegebenen und den anderen Temperaturen durchläuft und bei der ersteren stets die gleiche Wärmemenge aufnimmt. Diese Temperaturskala ist eindeutig festgelegt, sobald man eine bestimmte Temperatur als Nullpunkt für die Zählung wählt und einer anderen Temperatur, etwa der des schmelzenden Eises, eine bestimmte Zahl zuordnet.

Setzt man als Nullpunkt den »absoluten Nullpunkt« fest, der in bekannter Weise durch die Zustandsgleichung der idealen Gase definiert ist, so stimmt diese thermodynamische Skala mit derjenigen Temperaturskala überein, welche ein mit einem »idealen« Gase gefülltes Gasthermometer liefert. Da nun viele »reale« Gase bei nicht allzu großer Dichte nicht sehr von den idealen Gasen abweichen, so bietet es für die Praxis keine in Betracht kommende Unbequemlichkeit, die Messungen mit einem Gasthermometer, das mit einem gewöhnlichen Gase gefüllt ist, auf die thermodynamische Skala dadurch umzurechnen, daß man diejenigen Korrekturen anbringt, welche die Abweichungen des Gasthermometers von der thermodynamischen Skala notwendig machen.

Das Gasthermometer ist nun zwar ein für die wissenschaftliche Forschung sehr genaues, aber doch für die Praxis unbequemes und unhandliches Meßinstrument. Man benutzt es daher fast nur, um die Angaben von Quecksilberthermo-

metern mit denen von Gasthermometern zu vergleichen und
auf die international angenommene Wasserstoff-Temperatur-
skala zu beziehen.

Hinsichtlich der Bequemlichkeit der Anwendung wird
das Gasthermometer von dem Quecksilberthermometer bei
weitem übertroffen, und es kommt dabei ein günstiger Umstand zur Geltung, der dieses Quecksilberthermometer doch
wieder zu Ehren bringt. Denn wenn es eben auch wegen der
Willkürlichkeit der Wahl der Flüssigkeit, des Gefäßmateriales
und der Fundamentalpunkte, sowie wegen des geringen Unter-
schiedes der Ausdehnungskoeffizienten des Glases und -des
Quecksilbers beanstandet werden mußte, so zeigt es sich doch,
daß seine Angaben von denen der thermodynamischen Skala
nicht allzu sehr abweichen, so daß man (was ja von vornherein nicht vorauszusehen war) ohne Anwendung sehr großer
Korrekturen von den Angaben des Quecksilberthermometers
zu denen der thermodynamischen Skala übergehen kann[1]).

Durch das deutsche Gesetz über die Temperaturskale
und die Wärmeeinheit vom 7. August 1924 (Reichsgesetzblatt I,
S. 679) ist die thermodynamische Skala gesetzlich eingeführt
worden.

Ihre Verwirklichung[2]) ist von der Physikalisch-Technischen
Reichsanstalt in Charlottenburg in der Weise festgelegt worden,
daß die gasthermometrisch gemessenen Temperaturen von
8 besonders geeigneten Fixpunkten und ferner Interpolations-
formeln angegeben wurden, nach denen beliebige Temperaturen aus Messungen mit elektrischen Thermometern berechnet werden können, wenn diese bei jenen Fixpunkten geeicht
sind. Diese Fixpunkte sind:

der Siedepunkt des Sauerstoffes $t = -183,00^0$ (bei 760 mmHg)
der Sublimationspunkt der Kohlensäure

$$t = -78,50^0 \ (\ ,, \ 760 \ \ ,, \ \ )$$

---

[1]) Über die Veränderlichkeit der Fundamentalpunkte der
Quecksilberthermometer vgl. Fr. Kohlrausch, Lehrbuch der
praktischen Physik, 14. Aufl. 1923, S. 134 ff., und Ostwald-
Luther, Physiko-chemische Messungen, 4. Aufl. 1925, S. 87 ff.

[2]) Vgl. Bekanntmachung über die gesetzliche Temperaturskala. Zeitschr. f. Phys. 29 (1924), S. 394. -- F. Henning, Zeitschrift f. Instrum.-Kunde 44 (1924), S. 349. — M. Jakob, Zeitschrift d. Ver. deutsch. Ing. 1924, S. 1176.

der Schmelzpunkt des Quecksilbers $t = -38{,}87^0$
der Schmelzpunkt des Eises $\qquad t = 0{,}000^0$
der Siedepunkt des Wassers $\quad t = 100{,}00^0$ (bei 760 mmHg)
der Siedepunkt des Schwefels $\quad t = 444{,}60^0$ („ 760 „)
der Erstarrungspunkt des Silbers $t = 960{,}5^0$
der Schmelzpunkt des Goldes $\quad t = 1063^0$.

Zwischen — 193^0 und dem Schmelzpunkt des Goldes wird die Temperatur teils durch ein Widerstandsthermometer aus Platin, teils durch ein Thermoelement aus Platin und 10% igem Platinrhodium gemessen, oberhalb 1063^0 durch das bei einer Wellenlänge des sichtbaren Lichtes beobachtete Verhältnis der Helligkeit eines schwarzen Körpers bei der betreffenden Temperatur zu seiner Helligkeit beim Goldschmelzpunkt.

Nach der thermodynamischen Skala werden von der Physikalisch-Technischen Reichsanstalt die Prüfungen von eingesandten Temperaturmeßgeräten vorgenommen. Ihre Fehler dürfen, je nach dem Meßbereich und Verwendungszweck, gewisse Werte nicht übersteigen, wenn sie amtlich beglaubigt werden sollen (vgl. Prüfungsbestimmungen der Physikalisch-Technischen Reichsanstalt, Zentralblatt für das Deutsche Reich 1909, S. 193).

Die Grenzen des Temperaturbereiches, innerhalb dessen das Quecksilberthermometer anwendbar ist, sind durch den Gefrier- und Siedepunkt des Quecksilbers bedingt. Der Gefrierpunkt liegt bei —38,9⁰C; für tiefer gelegene Temperaturen kommen Toluol bis —120⁰ und »technisches Pentan« bis —200⁰ zur Verwendung. Da diese Flüssigkeiten schon bei Temperaturen oberhalb des Erstarrens zähflüssig werden, so besteht die Vorschrift, daß man in den kalten Körper, dessen Temperatur bestimmt werden soll, anfangs nur das Gefäß des Thermometers, aber noch nicht die Kapillare eintaucht, damit der in dieser befindliche Flüssigkeitsfaden sich bei der Abkühlung zum größten Teil in das Gefäß zurückzieht, bevor er so zähflüssig geworden ist, daß die zunehmende Reibung seine Bewegung verhindert.

Die Siedetemperatur des Quecksilbers liegt bei Atmosphärendruck bei 356,7⁰ C. Schon von etwa 300⁰ an muß man davon abgehen, den Teil der Kapillare oberhalb des Queck-

silbers, wie sonst üblich, luftleer zu machen. Die Kapillare
wird dann oben mit einem Gase gefüllt, das auf das Quecksilber
einen Druck ausübt und daher dessen Siedepunkt erhöht.
Man wählt ein indifferentes Gas, wie Stickstoff oder Kohlensäure, das mit dem Quecksilber keine chemische Verbindung
eingeht und das Quecksilber nicht etwa verunreinigt. Da für
600⁰ C ein Druck von über 20 Atm. und für 750⁰ ein solcher
von über 70 Atm. anzuwenden ist, um das Sieden des Quecksilbers zu verhindern, so ist die Herstellung solcher Thermometer an die Erzeugung von Glassorten gebunden, die bei
diesen hohen Temperaturen noch die hinreichende Festigkeit haben, um so hohen Innendrucken standzuhalten. Aus
Jenaer Glas Nr. 59^{III} lassen sich Thermometer bis zu 515⁰,
aus Verbrennungsröhrenglas bis zu 620⁰, aus Jenaer Glas
1565^{III}, sog. Supremaxglas, bis zu 670⁰, aus Quarzglas solche
bis zu 750⁰ herstellen. Ihr empfindlichster Teil ist das obere
Ende der Kapillare. Um auch bei länger dauerndem Gebrauch
eine gefährdende Erwärmung dieses Teiles und zugleich die
Explosionsgefahr zu vermindern, kann man ihn durch eine
darübergeschobene Wasserkühlung äußerlich kühlen.

Bei den Flüssigkeitsthermometern unterscheidet man der
Form nach die Einschluß- und die Stabthermometer. — Bei
den ersteren ist hinter der Kapillare eine Milchglas-Skala
angebracht, und beide sind in ein darüber geschobenes Glasrohr eingeschlossen, das unten mit dem Gefäß des Thermometers verschmolzen ist. — Bei den Stabthermometern bildet
die Kapillare die innere Höhlung eines zylindrischen Glasstabes,
der in seinem unteren Ende das Quecksilbergefäß enthält.
Die Skala ist in die vordere äußere Fläche dieses Stabes
selbst eingeätzt, während der hintere Teil im allgemeinen
undurchsichtig gemacht ist. Die hochgradigen Thermometer
werden ausschließlich als Stabthermometer ausgeführt, da nur
bei diesen die Wandstärke der Kapillare so groß gefertigt
werden kann, daß sie dem inneren hohen Druck standhält.

Da der Quecksilberfaden und die Skala, die zur Beobachtung seines Endes dient, räumlich nicht zusammenfallen, sondern
vor oder hintereinander liegen, so muß das Auge des Be-
obachters den Meniskus auf die Skala oder umgekehrt proji-
zieren. Bei der Ablesung der Thermometer muß man daher

das Auge zum Thermometer so einstellen, daß die Pupillenmitte auf einer am Ende des Quecksilberfadens senkrecht zu diesem gerichteten Geraden liegt. Alsdann erfolgt die Projektion der Quecksilberkuppe auf die Skala vom Auge aus ohne »Parallaxe«. Auf verschiedene Arten läßt sich die Parallaxenfreiheit erreichen, z. B. dadurch, daß man das Thermometer aus der Entfernung mit einem Fadenkreuzfernrohr beobachtet. — Benutzt man zum Ablesen eine Lupe, so muß der Meniskus in der Mitte des Gesichtsfeldes erscheinen und die Augenstellung so gewählt werden, daß derjenige Teilstrich der Skala, bei der der Meniskus steht, gerade erscheint (s. Abb. 45). Man erkennt dies leicht daran, daß die darüber befindlichen Striche nach oben, die darunter liegenden nach unten gekrümmt sind. — Auch ein hinter dem Thermometer befestigter Spiegel erleichtert die richtige Ablesung. Man hat das Auge so zu stellen, daß

Abb. 45.
Parallaxenfreie Ablesung mit Lupe.

sein Spiegelbild in der gleichen Höhe liegt wie der Meniskus. — Bei den Stabthermometern endlich kann man behufs richtiger Ablesung die Spiegelung benutzen, welche die vorn eingeritzten Teilstriche an dem Quecksilber in der Kapillare erfahren. Man hat dann das Auge so zu halten, daß der Strich am Meniskus mit seinem Spiegelbild zur Deckung gebracht wird.

B) Das Beckmann-Thermometer.

Wenn es sich nicht um die Bestimmung einer Temperatur selbst, sondern um die möglichst genaue Feststellung ihrer Veränderung handelt, so wird vielfach das sog. Beckmann-Thermometer (Abb. 46 a. b und c) benutzt. Dasselbe umfaßt in der üblichen Ausführung auf eine Länge von 25 cm nur etwa 6°. Es ist in $^1/_{100}$ Grade geteilt und läßt $^1/_{1000}$ Grade noch schätzen.

Um es in verschiedenen Temperaturbereichen benutzen zu können, ist an dem oberen Ende a der Kapillare ein weiteres Gefäß b angeblasen (Abb. 46a), in welches nach Belieben Quecksilber aus der Kapillare heraus- oder in diese hineingetrieben werden kann. Um es für eine bestimmte Temperatur einzustellen, so daß es z. B. bei 10° C auf 0° der Beckmann-Skala einsteht, muß man es zunächst so hoch erwärmen, daß das

Quecksilber in der Kapillare bis in das Vorratsgefäß steigt.
Dann ist durch Neigen des Thermometers das schon im Vorratsgefäß befindliche Quecksilber mit dem Quecksilber der
Kapillare in Verbindung zu bringen, wie es in Abb. 46 a geschehen ist. Das Thermometer wird dann in einem Bade er-

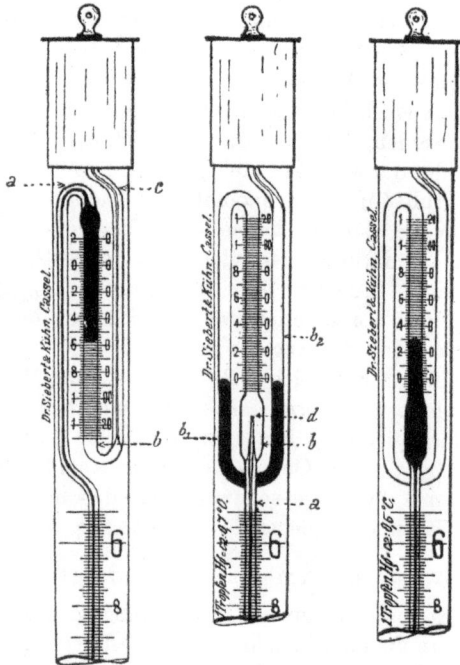

Abb. 46 a.   Abb. 46 b.   Abb. 46 c.

wärmt, dessen Temperatur um den Skalenumfang von 0 bis
zum Eintritt in b höher liegt als die gewünschte Temperatur
von 10^0 C. Dann wird durch eine leise Erschütterung das
Quecksilber des Vorratsgefäßes von dem Quecksilber der
Kapillare getrennt, indem man mit der einen Hand das
Thermometer in vertikaler Lage hält und mit der anderen auf
diese einen kurzen Schlag ausführt.

Zur Erleichterung des Einstellens befindet sich bei neueren
Beckmann-Thermometern oben am Vorratsgefäß eine Hilfs-

skala. Diese ist so eingerichtet, daß bei Vereinigung der ganzen Quecksilbermenge mit dem Faden der Kapillare (die in Abb. 46 a abgebildet ist) das Thermometer im Bade so weit erwärmt werden muß, daß der untere Meniskus im Vorratsgefäß auf den Teilstrich der gewünschten Temperatur, z. B. 10^0, weist. Alsdann muß das Abklopfen erfolgen.

Die Einstellung des Beckmann-Thermometers für einen bestimmten Temperaturbereich wird erleichtert durch eine neue Konstruktion von Siebert u. Kühn in Kassel[1]) (Abb. 46b). Die Hauptkapillare a läuft in eine feine Spitze d, die sog. Abtropfvorrichtung aus, welche in den Behälter b hineinragt. Hinter letzterem ist meistens die erwähnte Hilfsteilung auf der Milchglasskala angebracht. An den Hauptbehälter b schließt sich links ein Hilfsbehälter b_1 an; letzterer endigt rechts in einen zweiten Hilfsbehälter b_2.

Soll nun bei einem solchen Thermometer Quecksilber aus dem Hauptgefäß entfernt werden, so wird letzteres erwärmt, bis so viel Quecksilber durch d hinausgepreßt ist, daß dessen Kuppe an der Hilfsteilung an der der einzustellenden Temperatur entsprechenden Stelle steht. Das außerhalb der Spitze liegende Quecksilber wird dann durch Drehen und Neigen des Thermometers in die beiden Reservebehälter b_1 und b_2 gebracht. — Soll umgekehrt Quecksilber zurückgeholt werden, so wird zunächst der Vorrat aus b_1 und b_2 nach dem mittleren Teile b zurückgebracht und alsdann durch Erwärmen des Hauptgefäßes an der Spitze d mit dem übrigen Quecksilber vereinigt. Hierauf wird das Hauptgefäß bei aufrechter Stellung des Instrumentes langsam so weit abgekühlt, bis die Kuppe auf denjenigen Teilstrich der Hilfsskala zurückgeht, der der geforderten Temperatur entspricht. Schließlich wird das oberhalb d befindliche Quecksilber wieder durch Neigen nach b_1 geschafft.

Die Abtropfvorrichtung hat den Zweck, beliebig kleine Mengen abzutrennen, was bei den gewöhnlichen Beckmann-Thermometern schwer möglich ist.

Bei der Benutzung des Beckmann-Thermometers darf die Berücksichtigung des sog. »Gradwertes« nicht vergessen

---

[1]) Vgl. Disch, Zeitschr. f. angewandte Chemie 26 (1913), S. 279.

werden. Bei der Herstellung der gewöhnlichen Thermometer
ist die selbstverständliche Voraussetzung, daß stets die ganze
Quecksilbermenge an der Erwärmung teilnimmt. Die Teilung
der Skala in Grade erfolgt unter dieser Voraussetzung. Wenn
nun beim Beckmann-Thermometer die Quecksilbermenge bei
den einzelnen Einstellungen eine verschiedene ist, so entspricht ein Teilstrich der Skala nicht der gleichen Temperatursteigerung des Thermometers. Der Gradwert der Skala ist
also nicht = 1°C, sondern desto größer, je mehr Quecksilber
aus dem Thermometer in das Vorratsgefäß getrieben worden
ist, je höher also die Temperatur liegt, bei der das Thermometer
verwandt werden soll. Eine Tabelle der Gradwerte, mit denen
die Ablesungen des Beckmann-Thermometers zu multipli-
zieren sind, findet sich in den Beglaubigungsscheinen der
Physikalisch-Technischen Reichsanstalt. Einige Werte seien
nachstehend mitgeteilt.

Berechnete Gradwerte,
wenn im Meßbereich 0 bis 5° bei ganz herausragendem Faden
1 Skalengrad = 1° C ist.

Meßbereich ° C	Mittlere Tem- peratur des herausragen- den Fadens ° C	Wert eines Skalengrades bei Thermometer aus Jenaer	
		Glas 16[III] ° C	Glas 59[III] ° C
— 20 bis — 15	0	0,991	0,993
0 bis + 5	15	1,000	1,000
+ 50 bis 55	26	1,021	1,018
100 bis 105	33	1,038	1,033
150 bis 155	38	1,050	1,043
200 bis 205	43	1,058	1,046

C) Das Fadenthermometer.

Die Eichung der Quecksilberthermometer wird in der
Weise ausgeführt, daß man den Stand der Quecksilberkuppe
bestimmt, während sich das Gefäß nebst der ganzen Länge
des in der Kapillare befindlichen Quecksilberfadens in einem
Raume von überall gleicher Temperatur befindet. Als ein
solcher mag etwa ein gut gerührtes Wasser- oder Ölbad benutzt
werden. Bei der Anwendung des so geeichten Thermometers
ist selbstverständlich dafür zu sorgen, daß sich das Queck-

silbergefäß vollkommen in dem Raum befindet, dessen Temperatur bestimmt werden soll; es wird sich aber oft nicht vermeiden lassen, daß der Quecksilberfaden mehr oder minder aus ihm herausragt und daher eine von dem Raum verschiedene Temperatur hat. Die Verhältnisse bei der Anwendung sind dann nicht die gleichen wie bei der Eichung, und es muß daher zur einwandfreien Temperaturmessung diejenige Länge des herausragenden Fadens bestimmt werden, die er haben würde, wenn er auch die gesuchte Temperatur besäße. Bedeutet t die am Thermometer abgelesene Temperatur, t_0 die mittlere Temperatur des herausragenden Fadens, n seine in Graden des Thermometers ausgedrückte Länge und α den scheinbaren Ausdehnungskoeffizienten des Quecksilbers im Glase, so berechnet sich die »Korrektur des herausragenden Fadens« f, welche zu der Ablesung des Thermometers zu addieren ist, nach der meist hinreichend genauen Näherungsformel

$$f = \alpha \cdot n \, (t - t_0) \, {}^{1}).$$

Der Koeffizient α ist für die bei wissenschaftlichen Thermometern gebräuchlichen Glassorten genügend bekannt und für Jenaer Glas 16^{III} gleich $\dfrac{1}{6370}$, für Jenaer Glas 59^{III} gleich $\dfrac{1}{6130}$ zu setzen.

Die Bestimmung der Länge des herausragenden Fadens n ist oft schwierig, wenn schon innerhalb des zu untersuchenden Raumes in der Nähe derjenigen Oberfläche, durch welche das Thermometer eingeführt ist, die Temperatur eine andere ist als weiter im Innern. Dann ist die Länge des zu korrigierenden Fadens nicht erst von der Stelle an zu rechnen, wo das Thermometer aus der Oberfläche des Raumes heraustritt, sondern von dem tieferen, aber seiner Lage nach nicht genau bekannten Punkt an, wo die Raumtemperatur anfängt, durch die Temperatur der Umgebung beeinflußt zu werden. — Auch die Bestimmung der Temperatur des Fadens ist zuweilen verwickelt, weil sie von Punkt zu Punkt veränderlich sein kann.

---

[1] Die genaue Formel für die Fadenberichtigung s. bei J. Adam, Zeitschr. f. Instrumentenkunde, 27 (1907), S. 101.

Da die fragliche Korrektur oft einen recht beträchtlichen Wert hat, so ist es nicht zulässig, von ihrer Bestimmung abzusehen. Einen Näherungswert erhält man, wenn man zur Bestimmung von t_0 ein Hilfsthermometer in mittlerer Höhe neben dem Hauptthermometer aufhängt und n nach obigen Grundsätzen schätzt.

Zur genauen Bestimmung bedient man sich des Fadenthermometers von Mahlke[1]), welches außer der einwandfreien Messung der Temperatur auch die eindeutige Berücksichtigung der Länge des zu korrigierenden Fadens gestattet.

Es unterscheidet sich von einem gewöhnlichen Thermometer dadurch, daß das Quecksilber nicht in einem kugelförmigen oder weiten und kurzen zylindrischen Behälter untergebracht ist, sondern sich in einer engen und langen zylindrischen Röhre befindet.

Eicht man ein solches Fadenthermometer so, daß es richtig zeigt, wenn man es in ein Bad von überall gleicher Temperatur eintaucht, so würde es in einem Bade, in welchem die Temperatur nicht überall die gleiche, sondern von oben nach unten verschieden ist, diejenige Temperatur anzeigen, bei der das Quecksilber bei überall gleicher Temperatur ebenso hoch stehen würde, wie bei der gedachten ungleichmäßigen Temperaturverteilung. Hängt man also ein solches Fadenthermometer möglichst nahe neben die Kapillare des bei der Beobachtung benutzten Thermometers (des Hauptthermometers), so daß die Quecksilberkuppen in beiden Thermometern in gleicher Höhe stehen, so hat jedes Fadenstück des Fadenthermometers genau die gleiche Temperatur wie das benachbarte Stück des Hauptthermometers und der Quecksilbermeniskus im Fadenthermometer zeigt an seiner Skala gerade das an, was gesucht wird, nämlich die mittlere Temperatur des herausragenden Fadens des Hauptthermometers.

Bei der praktischen Durchführung dieses Gedankens ist an das zylindrische Gefäß noch eine sehr enge Kapillare angesetzt, in welcher die Verschiebungen des Quecksilberfadens

---

[1]) A. Mahlke, Zeitschr. f. Instrumentenkunde, 13 (1893), S. 58; 14 (1894), S. 73.

im umgekehrten Verhältnisse der Querschnitte des Zylinder-
gefäßes und der Kapillare vergrößert erscheinen und daher für
das freie Auge ablesbar werden an einer Temperaturskala, die an der engen Kapillare angebracht ist.
Abb. 47 zeigt eine schematische Skizze, in der nur
der Quecksilberfaden selbst gezeichnet ist.

Die Anwendung dieses Fadenthermometers zur
Korrektur des herausragenden Fadens geschieht in
der Weise, daß man es dicht neben dem Hauptthermometer so aufhängt, daß die Übergangsstelle
vom weiteren Röhrchen zur Kapillare des Fadenthermometers etwas unter der Höhe des Meniskus
des Hauptthermometers steht, und zwar um so viel,
daß das in der Kapillare befindliche Quecksilber
in dem weiteren Röhrchen Platz fände, wenn man
es sich bis zur Höhe des Meniskus des Hauptthermometers verlängert denkt[1]). Alsdann gibt das Fadenthermometer die gesuchte Mitteltemperatur t_0 des
herausragenden Fadens an, und zwar genau bis auf
die geringe, nicht streng berücksichtigte Quecksilbermenge in der engen Kapillare des Fadenthermometers. In der Gleichung für die Fadenkorrektur bedeutet jetzt n die in Graden des
Hauptthermometers ausgedrückte Länge des weiteren Röhrchens des Fadenthermometers.

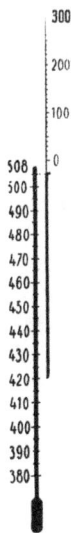

Abb. 47.
Einstellung
des Faden-
thermo-
meters.

Als Beispiel für die Berechnung von f diene Abb. 47. Hierin
ist $n = 505 - 420 = 85$, $t = 508$, $t_0 = 300$ und $\alpha = \dfrac{1}{6130}$,
falls das Hauptthermometer aus Jenaer Glas 59^{III} hergestellt
ist. Man erhält

$$f = \frac{85 \cdot (508 - 300)}{6130} = 2{,}89^0.$$

Aus dem Gesagten folgt, daß die Länge des Fadenthermometers mindestens so groß sein muß, wie die des herausragenden Fadens, und daß man sicher die richtige Fadenkorrektur
erhält, wenn diese beiden Längen genau gleich sind. Man

---

[1]) J. Adam (a. a. O.) hat zur Erleichterung dieser Einstellung
die Anbringung einer Hilfsteilung am Fadenthermometer vorgeschlagen.

könnte aber Bedenken hegen, daß dies auch zutrifft, wenn das Fadenthermometer l ä n g e r ist als der herausragende Faden.

Um die Verhältnisse für diesen Fall übersehen zu können, nehmen wir ein Flüssigkeitsbad von 100⁰, ein Hauptthermometer und 2 Fadenthermometer verschiedener Länge an. Der herausragende Faden des Hauptthermometers habe 70⁰ und die Länge des ersten Fadenthermometers sei ebenso groß wie die des herausragenden Fadens, dagegen die des zweiten zweimal so groß. Die Längen seien mit n_1, n_2, die berechneten Fadenkorrekturen mit f_1, f_2 bezeichnet.

Der Beweis für die Brauchbarkeit auch des zweiten Fadenthermometers wird dadurch erbracht, daß sich nach der Formel $f = a\,n\,(t — t_0)$ mit beiden Fadenthermometern der g l e i c h e Wert für f ergibt.

Für das erste Thermometer erhält man $f_1 = a\,n_1\,(100—70) = a\,n_1 \cdot 30$, da es genau die mittlere Temperatur des herausragenden Fadens des Hauptthermometers, also 70⁰ anzeigt.

Das zweite Thermometer hat in seiner unteren Hälfte 100⁰, in der oberen 70⁰, im Mittel also $\frac{1}{2}\,(100 + 70) = 85^0$. Seine obere Kuppe steht also auf seiner Skala bei 85, und es berechnet sich mit ihm die Fadenkorrektur $f_2 = a\,n_2\,(100 — 85) = a\,2\,n_1 \cdot 15 = a\,n_1 \cdot 30$.

In der Tat stimmen also die Werte von f_1 und f_2 mit einander überein, und es ist somit die Länge des Fadenthermometers auf die Bestimmung der Fadenkorrektur ohne Einfluß.

§ 12. Das Thermoelement.[1])

Das Thermoelement besteht aus zwei verschiedenen Metallen (I und II, vgl. Abb. 48), die zu einem geschlossenen Stromkreis vereinigt sind. In ihm entsteht eine elektromotorische Kraft, wenn die zwei Verbindungsstellen der Metalle (Th_1 und Th_2) auf verschiedene Temperaturen gebracht werden. Die Verbindung wird meist durch Löten oder Schweißen hergestellt (vgl. S. 142).

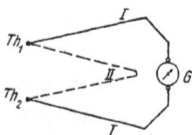

Abb. 48.

---

[1]) Über konstruktive Einzelheiten der Thermoelemente, Widerstandsthermometer und Strahlungspyrometer vgl. G. K e i n a t h (a. a. O.).

Die eine Lötstelle befindet sich an dem Ort, dessen Temperatur gemessen werden soll; die andere wird auf einer bekannten gleichbleibenden Temperatur gehalten. Die durch eine Eichung gefundene Abhängigkeit der Thermokraft von der Temperaturdifferenz ermöglicht dann die Bestimmung der gesuchten Temperatur. Bei der Eichung wird die eine Lötstelle meist durch schmelzendes Eis auf 0^0 C gehalten.

Zeichnet sich das Flüssigkeitsthermometer durch Übersichtlichkeit in der Form und der Handhabung aus, so besitzt das Thermoelement den Vorzug, daß es wegen seiner kleinen Dimensionen überall angebracht werden kann und insbesondere Beobachtungen an einzelnen »Punkten« gestattet. Auch ist es für registrierende Messungen und solche fern vom Beobachter besonders geeignet.

A) Die wichtigsten Elemente.

Zur Anwendung kommen vor allem Thermoelemente aus folgenden Metallen, die bis zu den angeführten Temperaturen verwendbar sind:

Kupfer-Konstantan . . . . 350^0.
Silber-Konstantan. . . . . 600^0.
Eisen-Konstantan . . . . 800^0.
Nickel-Nickelchrom . . . . 1100^0.
Platin-Platinrhodium . . . 1600^0.

Das Element Kupfer-Konstantan gibt eine Thermokraft von etwa 3,6 bis 4 Millivolt für 100^0 Temperaturdifferenz, während Eisen-Konstantan eine um 20% höhere Thermokraft besitzt. Über 350^0 hinaus besteht die Gefahr starker Oxydation, welche auch die Verwendung des Eisen-Konstantan-Elementes in feuchter Umgebung ausschließt. Beide Elemente sind auch für tiefe Temperaturen geeignet.

Das Element Silber-Konstantan hat eine um weniges größere Thermokraft als Kupfer-Konstantan, Nickel-Nickelchrom eine solche von etwa 3,5 und endlich das bei hohen Temperaturen zur Verwendung kommende Element Platin-Platinrhodium (90% Platin, 10% Rhodium) eine Thermokraft von etwa 1 Millivolt je für 100^0.

Über die Art, wie bei einer thermoelektrischen Messung der Umstand zu berücksichtigen ist, daß die »kalte« Lötstelle

vielleicht nicht wie bei der Eichung 0°, sondern eine andere
Temperatur hat, vgl. unten § 12 E, Schaltungen, S. 145.

Die Genauigkeit der Temperaturmessung mit Kupfer-
Konstantan-Elementen wird mit Rücksicht auf Veränderungen
im Material innerhalb großer Temperaturbereiche zu 0,1°,
innerhalb enger Grenzen zu 0,02° angegeben. Bei Eisen-
Konstantan ist sie geringer, bei Platin-Platinrhodium etwa
0,5 bis 1°.

Die genannten Elemente kommen in Form von Drähten
zur Anwendung, die aus völlig homogenem Material bestehen
müssen. Ihr Durchmesser und die Art ihrer Isolierung richtet
sich nach dem Verwendungszweck. Im allgemeinen wird
wohl eine Drahtstärke nicht unter 0,5 mm benutzt. Einerseits ist sie groß genug, um die ausreichende Festigkeit und
Widerstandsfähigkeit gegen Verletzung zu verbürgen, anderseits ist der von dem Element an den Meßstellen eingenom-
mene Raum nicht so groß, daß er dort wesentliche Störungen
verursacht. In besonderen Fällen kann man zu beliebig kleineren Durchmessern übergehen.

Als Isolierung eignen sich alle bekannten Umkleidungs-
verfahren: Seidenumspinnung, Guttapercha-Isolierung sowie
Blei-Ummantelung für Einbettung in feuchten Materialien.
Da stets die beiden Drähte des Elementes parallel laufen,
so ist eine zweiadrige Ausführung zwecks größerer Übersichtlichkeit bei vielen Meßstellen äußerst bequem[1]).

Neu hergestellte Thermoelemente zeigen noch keine konstante Thermokraft. Diese Veränderlichkeit verliert sich aber,
wenn die Elemente »gealtert« werden. Bei blanken Drähten
geschieht dies dadurch, daß sie mit einem elektrischen Strom
während einiger Minuten auf Kirschrotglut erhitzt werden.
Bei isolierten Drähten leitet man mehrere Stunden lang einen

---

[1]) Sollen die Drähte mit Seide isoliert sein, so ist es zweckmäßig, bei der Bestellung für die zwei Drähte verschiedene Farbe
der Seide vorzuschreiben. Bei zweiadriger Anfertigung wäre erst
jeder Draht einzeln zu umspinnen und zu schellackieren und dann
beide zusammen nochmals zu umspinnen und zu schellackieren. Die
äußere Seidenisolierung wird nach dem Abschneiden eines Elementes
bestimmter Länge von dem Drahtvorrat nur so weit entfernt,
als es die Herstellung der elektrischen Verbindung in dem Thermo-
kreise erfordert.

elektrischen Strom solcher Stärke hindurch, daß die Isolierung
durch die entstehende Stromwärme nicht beschädigt wird.

Die für die Thermoelemente benutzten Millivoltmeter
haben oft eine Tempereturskala, um die Temperaturen unmittelbar ablesen zu können. Dies ist selbstverständlich nur
möglich, wenn die Thermokraft aller angeschalteten Elemeteen
stets die gleiche ist. Größere Firmen garantieren neuerdings
bei Nachlieferung von Thermoelementen für völlige Übereinstimmung der Thermospannung mit derjenigen früherer Liefe-
rungen.

B) Messung der Thermokraft mit Ausschlags-
instrumenten.

Die in dem Thermoelemente auftretende Thermokraft
kann man durch die Stromstärke messen, die in einem angeschlossenen Zeigergalvanometer einen bestimmten Ausschlag
hervorruft.

Als Galvanometer kommt in erster Linie ein Gleichstrom-
Drehspuleninstrument nach Deprez-d'Arsonval in Betracht

Abb. 49.
Zeigergalvanometer mit Bändchenaufhängung.

mit Aufhängung des beweglichen Systems an einem Bändchen.
Eine Ausführungsform zeigt Abb. 49. Das Meßsystem besteht
aus einem kräftigen permanenten Magneten, in dessen homo-

genem Felde sich unter Einwirkung des Stromes eine in Gestalt eines Rähmchens gewickelte Drahtspule dreht. Diese
ist an einem Bronzebändchen aufgehängt und wird unten
durch eine Drahtspirale festgehalten. Bändchen und Spirale
dienen als Stromzu- und -abführungen zur Drehspule. Ihre
Torsionskraft leistet das der elektromagnetischen Richtkraft
entgegengesetzte Drehmoment.

Die geschilderte Befestigung des Rähmchens bewirkt, daß
das Instrument nur bei vertikaler Lage des Bändchens benutzt
werden kann. Diese Einstellung erfolgt mittels einer Libelle.

Abb. 50.
Zeigergalvanometer mit Spitzenlagerung.

Da die Aufhängung eine sehr empfindliche ist, ist auch
der zur Erzielung eines großen Ausschlages nötige Strom-
bedarf nur ein sehr geringer, und es kann daher ein verhältnismäßig hoher Widerstand im Instrument eingebaut werden,
der aus den unten angegebenen Gründen vorteilhaft ist. Er·
setzt sich zusammen aus dem verhältnismäßig kleinen Widerstande der Wicklung des Rähmchens und einem größeren
Widerstande aus Manganin, der der Rähmchenwicklung vor-
geschaltet ist.

Bei in der Praxis durchzuführenden Beobachtungen,
welche die sorgsame Aufstellung obiger Galvanometer mittels
eingebauter Libelle auf einem fest und ruhig stehenden Tische
nicht ermöglichen, kommen die Instrumente mit Spitzenlagerung zur Anwendung (Abb. 50). Da bei diesen für den gleich

großen Ausschlag wie oben infolge der höheren Reibung des
Rähmchens eine größere Kraft, also auch ein größerer Strom-
bedarf erforderlich ist, so haben diese Galvanometer bei demselben Meßbereich einen kleineren inneren Widerstand.

Bei der Messung ist ein Instrument mit möglichst hohem
inneren Widerstande aus folgendem Grunde vorteilhaft:

Für den Ausschlag eines im Thermostromkreis eingeschalteten Galvanometers ist außer der entstehenden Thermokraft auch der Widerstand des gesamten Leiterkreises maßgebend, also auch der des Thermoelementes selbst. Ist die
Eichung mit einem Elemente bestimmter Länge vorgenommen,
so sind später etwa nötige Änderungen derselben um einige
Dezimeter nur dann ohne neuerliche Eichung zulässig, wenn
die Änderung des Elementenwiderstandes auf die Größe
des Gesamtwiderstandes keinen wesentlichen Einfluß ausübt.
Dies ist aber gerade bei Galvanometern mit hohem Widerstande der Fall. — Ein solcher ist ferner erforderlich, wenn die
Drähte eines Elementes, z. B. aus $Pt - Pt\,Rh$, in verschiedenen
Fällen der Anwendung verschiedenen Temperaturen ausgesetzt
sind und daher nicht immer den gleichen Widerstand haben.

Für manche Zwecke, insbesondere Dauerbeobachtungen,
leisten registrierende Galvanometer ausgezeichnete Dienste.
Die Bauart ihres Meßsystems ist die gleiche wie bei den vor-
beschriebenen Instrumenten. Die Aufzeichnung geschieht in
der Weise, daß der Zeiger, nachdem er sich freischwingend auf
den Meßwert eingestellt hat, auf das, mittels eines Uhrwerks
unter ihm vorbeibewegte Registrierpapier gepreßt wird und
dort einen Punkt aufzeichnet, da das Papier mit einem Farb-
band unterlegt ist. Hierauf wird der Zeiger freigegeben und
nach einiger Zeit wieder angepreßt. — Um die Ausschläge
mehrerer Elemente registrieren zu können, ist das Uhrwerk
so eingerichtet, daß es mittels eines in das Instrument eingebauten Umschalters der Reihe nach die Elemente ein-
schaltet und so in ununterbrochener Folge 5 oder 10 Elemente
registriert.

In der Praxis kommt es vielfach vor, daß mehrere Elemente nahezu gleiche Temperatur haben. Zur Kennzeichnung
der verschiedenen Meßstellen läßt man jedes Element mit
einer anderen Farbe schreiben.

Die Schaltungsskizze zeigt Abb. 51. Die Umschaltung geschieht nur einpolig. Näheres über die Schaltung siehe unten im § 12 E, S. 144.

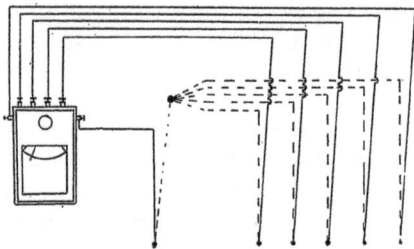

Abb. 51.
Einpolige Umschaltung von Thermoelementen.

Die bisher besprochenen Drehspulengalvanometer besitzen wegen der Masse des drehbaren Teiles eine so große Trägheit, daß sie nur solche Temperaturen richtig anzeigen, die eine längere Zeit konstant bleiben oder sich wenigstens sehr langsam ändern.

Abb. 52.
Saitengalvanometer.

Als Instrument mit praktisch masselosem beweglichen Teil kann das Saitengalvanometer bezeichnet werden. Es kommt daher besonders bei Bestimmungen rasch wechselnder Temperaturen zur Anwendung. Das Saitengalvanometer zeigt folgende Einrichtung:

Senkrecht zu den horizontal verlaufenden Kraftlinien eines kräftigen Permanent- oder Elektromagneten (Abb. 52) ist ein äußerst dünner Metalldraht oder versilberter Quarzfaden vertikal ausgespannt und

in den Stromkreis eines Thermoelementes oder Widerstandsthermometers eingeschaltet. Die Polschuhe des Magneten sind
in Richtung der Kraftlinien durchbohrt, so daß die Durch-
biegung, welche der Draht infolge des elektrischen Stromes
erfährt, mittels eines Mikroskopes mit Mikrometerteilung beobachtet werden kann.

Soll der Temperaturverlauf selbsttätig registriert werden,
so verwendet man eine photographische Methode zur Aufzeichnung. Bei dieser bleibt die äußerst kleine Trägheit des
Galvanometers in vollem Umfange erhalten.

C) Messung der Thermokraft mit Kompensations- apparaten.

Gegenüber der obigen auf einer Strommessung beruhenden
einfachsten Methode der Thermokraftbestimmung wird bei
den Kompensationsverfahren die elektromotorische Kraft
(EMK) der Thermoelemente im strom-
losen Zustande bestimmt. Diese Verfahren besitzen dadurch den Vorzug,
daß der Widerstand der Thermoelemente die Meßwerte nicht beeinflußt.
Außerdem kann bei der Kompensation
die Meßgenauigkeit wesentlich erhöht
werden. Die Kompensation beruht
auf folgendem von Poggendorff angegebenem Verfahren (Abb. 53).

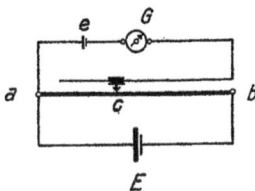

Abb. 53.
Kompensation nach Poggen-
dorff.

Einem an den Meßdraht ab angeschlossenen Arbeits-
elemente von der elektromotorischen Kraft E wird im Punkte
a die zu bestimmende Spannung e z. B. ein Thermoelement
gegengeschaltet. Der Stromkreis dieser Spannungsquelle e
geht von a zum Schleifkontakt c und über ein Galvanometer
G nach e zurück. Die von E im Meßdraht erzeugte Spannung
nimmt längs desselben vom Punkt a bis zum Punkt b ab, und
man kann durch Verschieben des Schleifkontaktes c zwischen
a und c eine Spannungsdifferenz beliebiger Größe erzeugen.
Stellt man den Schleifkontakt c so ein, daß das Galvanometer
G stromlos ist, so ist die zwischen a und c bestehende Spannungsdifferenz der unbekannten EMK des Thermoelementes
gerade gleich.

Schaltet man darauf zwischen a und c statt der unbekannten EMK e eine bekannte e', etwa ein Kadmium-Normalelement, ein, so wird man den Schleifkontakt bis zu einem
anderen Punkt c' verschieben müssen, damit wiederum Stromlosigkeit in G eintritt. Sind dann w und w' die Widerstände
zwischen a und c bzw. a und c', so berechnet sich e aus e'
nach der Gleichung

$$ e = e' \cdot \frac{w}{w'}. $$

Während bei dem Poggendorffschen Verfahren die Kompensation durch passende Einstellung des Widerstandes zwi-

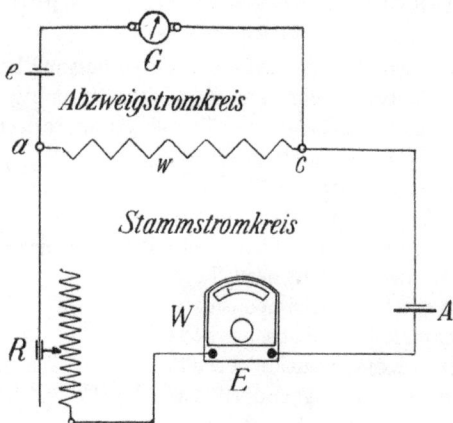

Abb. 54.
Kompensation nach Lindeck-Rothe.

schen a und c erreicht wird, besitzt bei einem von Lindeck-
Rothe abgeänderten Verfahren[1]) (Abb. 54) dieser Widerstand —
der Abzweigwiderstand — einen konstanten Wert, und es
wird nur ein außerhalb der Abzweigpunkte a und c liegender
Widerstand R so lange verändert, bis wieder an den Abzweig-
punkten der gesuchte Spannungsabfall auftritt. In die Stammleitung ist ein Voltmeter, in den Abzweigstromkreis ein
Galvanometer G eingeschaltet.

---

[1]) St. Lindeck und R. Rothe, Zeitschr. f. Instrumentenkunde
19 (1899), S. 249 und 20 (1900), S. 293. — Vgl. auch E. Bose,
Phys. Zeitschr. 2 (1900/01), S. 152.

Möge A das Arbeitselement, w den Abzweigwiderstand, W den inneren Widerstand des Voltmeters und i die Stromstärke bedeuten, die in der Stammleitung bei erfolgter Kompensation der zu bestimmenden EMK e auftritt. Bezeichnet noch E den an den Klemmen des Voltmeters gemessenen Spannungsabfall beim Strom i, so bestehen die Beziehungen

$$e = iw \text{ und } E = iW,$$

da ja der das Galvanometer G enthaltende Zweig stromlos ist und daher in den Widerständen w und W die gleiche Stromstärke i herrscht. Somit kann e nach der Gleichung

$$e = E \frac{w}{W}$$

aus den bekannten Widerständen w und W und der abgelesenen Spannungsdifferenz E berechnet werden.

Nimmt man etwa als Spannungsmesser ein Instrument mit 10 Ohm innerem Widerstand an, während der Abzweigwiderstand $w = 1$ bzw. 0,1 Ohm sein soll, so ist bei erreichter Kompensation die gesuchte EMK e gleich $^1/_{10}$ bzw. $^1/_{100}$ der am Voltmeter abgelesenen Spannung E.

Statt des Voltmeters kann man auch ein Amperemeter einschalten. In der Gleichung $e = iw$ ist dann w bekannt und i direkt meßbar.

Das Verfahren nach Lindeck-Rothe hat den Vorzug, daß der zur Regelung des Stammstromes i verwandte Widerstand R nicht wie der Poggendorffsche Meßdraht über eine ganze Länge völlig gleichmäßig sein muß, daß ferner keine Vergleichsstromquelle von genau bekannter Spannung erforderlich ist, und daß außer dem Galvanometer und dem Abzweigwiderstande nur ein Voltmeter bekannten Widerstandes oder ein Amperemeter benötigt wird.

Für die Verwendung in der Technik hat z. B. die Firma Siemens & Halske nach obigem Prinzipe eine Apparatur auf gemeinsamem Grundbrett angeordnet (Abb. 55). Die Abzweigwiderstände sind in diesem mit einem Hebel auf drei verschiedene Werte einstellbar. Auf dem Brett sind ein Zeigergalvanometer mit Bändchenaufhängung (vgl. Abb. 49) als Nullinstrument G und ein Millivolt- und Amperemeter zur Bestimmung von E oder i aufgestellt. Außerdem ist ein Wider-

Abb. 55.
Kompensationsapparat nach Lindeck-Rothe.

stand R mit drei Dekaden zur Regelung des Stammstromes beigegeben. Wenn auch die Genauigkeit der Ablesungen bei dieser in den Handel gebrachten Anordnung gegenüber der

Abb. 56a.
Kompensationsapparat nach Lindeck-Rothe für Feinmessung.

nach der Ausschlagsmethode erreichten nicht höher ist (dies liegt an der Wahl der Abzweigwiderstände und der Empfindlichkeit der beiden eingebauten elektrischen Meßinstrumente),

so ist diese Art der Kompensation, deren Handhabung
sehr rasch erfolgen kann, für solche Fälle sehr zweckmäßig, wo Thermoelemente von verschiedener Länge oder
sehr hohem Widerstand verwendet werden, der bei den
Instrumenten des Abschnittes B sehr kleine Ausschläge ergeben würde.

Als Beispiel für eine solche Zusammenstellung sei folgende
gegeben, welche aus einzelnen im Handel käuflichen Teilen besteht, die ursprünglich dort für andere Zwecke gebaut wurden.
Abb. 56a zeigt die Kompensationseinrichtung, Abb. 56b das
zugehörige Schaltungsschema.

A ist die Stromquelle des Stammstromes. Mittels der vier
Widerstände I, II, III, IV erfolgt die Kompensation der an
den Klemmen a bis d der Abzweig-
widerstände angeschlossenen Thermospannung e. Im Stammstromkreis befindet sich ein Milliamperemeter mit
geeigneten Nebenschlüssen, im Thermostromkreis das Galvanometer G. Die
beiden Spannungen e und A müssen
an die Abzweigklemmen a bis d einander entgegengeschaltet sein, was
durch den Stromwender S stets leicht
erreicht wird.

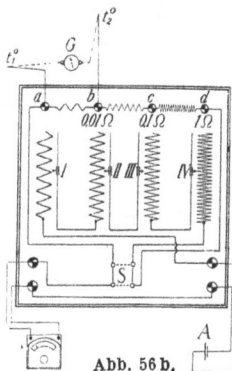

Der Teil, welcher die Abzweigwiderstände, Regulierwiderstände und
den Stromwender enthält, ist eine Ein-

Abb. 56b.

richtung, welche zum Eichen von Zeiger- und Spiegelgalvano-
metern von Siemens & Halske gebaut wird. Das Galvanometer G ist ein Spiegelgalvanometer. Die Ablesevorrichtung
für dieses kann mit ihm entweder an der Wand oder auf
beweglichem Brett montiert werden. In letzterem Falle ist
zuweilen ein Galvanometer zweckmäßig, bei dem der Spiegel
und das bewegliche System zwischen zwei Fäden gespannt
ist, um sie gegen mäßige Schwankungen und Schieflagen
unempfindlich zu machen.

Für Beobachtungen, bei denen die äußerste Genauigkeit
der Temperaturmessung angestrebt wird, sei endlich noch der

Kompensator von Diesselhorst[1]) kurz beschrieben. Dieser ist im besonderen bestimmt für die Messung kleiner elektromotorischer Kräfte von der Größenordnung der Thermokräfte und daher so konstruiert, daß die in seinen Schaltungen etwa auftretenden Thermokräfte bei der Messung nicht zur Geltung kommen können. Wirkungsweise und Anwendung des Apparates wird am leichtesten verständlich durch einen Vergleich mit der einfachen Schaltungszeichnung des Poggendorffschen Kompensationsverfahrens, Abb. 53. Die unbekannte elektromotorische Kraft e wird dort kompensiert durch die von dem Arbeitselement zwischen den Punkten a und c geweckte Spannungsdifferenz. Während das Galvanometer G stromlos ist, fließt durch den Widerstand der Strecke a bis c dauernd ein Strom von der Stärke i und es besteht für die zu bestimmende EMK e die Beziehung: $e = i \cdot w$.

Während nun bei der Anordnung nach Lindeck-Rothe dem Widerstand w ein bestimmter, konstanter Wert erteilt und die dem Zustande der Kompensation zugehörige Stromstärke i gemessen wurde, wird bei der Anordnung nach Diesselhorst umgekehrt die Stromstärke i auf einen bestimmten Wert z. B. 0,01 oder 0,001 Ampere eingestellt und der Widerstand w festgestellt. Die Bestimmung von e läuft also auf diejenige von w hinaus und durch einfache Multiplikation des zur Kompensation erforderlichen Widerstandes mit dem Werte von i erhält man die gesuchte EMK e.

Die Einstellung des passenden Wertes von i, z. B. $i = 0,001$ kann mit dem Kompensator selbst in einfacher Weise dadurch geschehen, daß man statt der unbekannten EMK zunächst eine bekannte, z. B. die eines Kadmium-Normalelement von 1,0186 Volt anschaltet, $w = 1018,6$ Ohm macht und darauf einen in den Stromkreis des Arbeitselementes eingeschalteten Widerstand R so lange verändert, bis das Galvanometer G auf Null zeigt. Alsdann herrscht zwischen a und c, also an den Enden des Widerstandes $w = 1018,6$ Ohm, die Spannungsdifferenz $e = 1,0186$ Volt, und es ist daher

$$i = \frac{1,0186}{1018,6} = 0,001 \text{ Ampere.}$$

---

[1]) H. Diesselhorst, Zeitschr. f. Instrumentenkunde 28 (1908), S. 1 und 38.

Der Apparat ist somit bereitgestellt zur Messung einer unbekannten EMK e, die an Stelle des Kadmium-Elementes ·eingeschaltet wird. Es braucht dann nur der Abzweigwiderstand w so verändert zu werden, daß wiederum Kompensation erfolgt, also das Spiegelgalvanometer stromlos ist.

D) Thermoelemente in Hintereinanderschaltung.

Das besprochene Kompensationsverfahren kommt dann zur Anwendung, wenn die mit einem Ausschlaggalvanometer ausgeführte Messung einer Thermokraft nicht genau genug ist. Will man ohne Kompensation mit Thermoelementen eine Temperaturdifferenz zwischen zwei Punkten mit höherer Genauigkeit messen, so kann man einen größeren Ausschlag dadurch er-

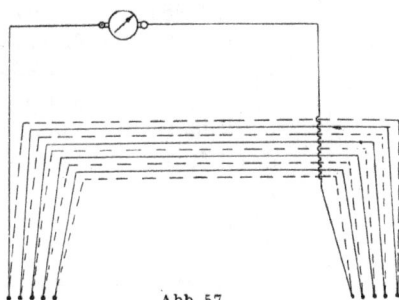

Abb. 57.
Hintereinanderschaltung von Thermoelementen.

zielen, daß man mehrere Elemente hintereinander schaltet und die eine Gruppe von Lötstellen am einen, die andere Gruppe am anderen Meßpunkte anbringt.

Abb. 57 zeigt das Schaltungsschema eines solchen Differentialelementes mit 5 hintereinandergeschalteten Elementen. Besteht es auf Kupfer-Konstantan, so erhält man mit einem einfachen Element einen Ausschlag von etwa 0,04 Millivolt für 1⁰ C. Ist die Skala des Millivoltmeter in 0,1 Millivolt geteilt, so können Differenzen von 0,01 Millivolt entsprechend 0,25⁰ noch geschätzt werden. Bei fünffacher Hintereinanderschaltung entsteht annähernd der fünffache Ausschlag, und die Ablesemöglichkeit steigt auf nahezu 0,05⁰ C. Es muß nur dafür gesorgt werden, daß die Lötstellen jeder Gruppe je die gleiche Temperatur haben und in keinerlei direkter elektrischer Verbindung stehen.

Bringt man die 5 Lötköpfe der einen Seite auf Stellen mit verschiedenen Temperaturen, so mißt man deren Mitteltemperatur. Dieses Verfahren der einfachen Mittelwertmessung tritt auf diesem Gebiete erfolgreich in Wettbewerb mit dem Widerstandsthermometer (vgl. S. 153), das für ähnliche Zwecke ausnutzbar ist.

Die praktische Anordnung der Lötstellen einer Seite kann auf folgende Art gewählt werden (Abb. 58). Die Lötstellen L werden in die Bohrungen eines zylindrischen Körpers H (Hartgummi für niedere, Speckstein für höhere Temperaturen) eingesetzt, damit sie voneinander isoliert sind. Die Elementendrähte sind gleichfalls durch Seidenumspinnung oder Distanzscheiben P voneinander zu isolieren. Die Elemente einer Seite werden in einem Glasrohre G vereinigt, das oben durch den Stopfen K verschlossen ist. Da Luft in G die Wärme von der Temperaturmeßstelle zu den Lötstellen zu schlecht übertragen würde, so ist die Glasröhre bis zum Stopfen H bei vertikaler Benutzung mit einer elektrisch nichtleitenden Flüssigkeit, bei horizontaler Verwendung mit einem festen Isolator (z. B. Siegellack für nicht zu hohe Temperaturen) auszufüllen. Die Lötstellen sind sämtlich möglichst nahe an die Glaswandung zu legen, damit sie Temperaturschwankungen der Meßstelle rasch folgen.

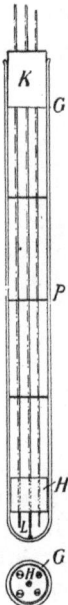

Abb. 58.
Hintereinander geschaltete Thermoelemente.

E) Schaltungen im allgemeinen.

Der einfachste thermoelektrische Stromkreis besteht aus dem die EMK messenden Instrument G und dem Thermoelement mit seinen zwei auf verschiedener Temperatur befindlichen Verbindungsstellen Th_1 und Th_2 (Abb. 48, S. 128). Der Draht II leitet unmittelbar von der einen zur anderen; der Draht I ist in 2 Teile geteilt, deren mittlere Enden an die Klemmen von G angeschaltet sind.

Die beiden Elementendrähte werden, wie schon oben S. 128 erwähnt, entweder zusammengeschweißt oder für Temperaturen bis 250⁰ C weich- und für höhere Temperaturen hartgelötet. — Daß die Thermokraft eines Elementes durch ein Lötmittel nicht geändert wird, folgt aus der Tatsache, daß in einem aus beliebig vielen Metallen bestehenden, geschlos-

senen Leiterkreis keine EMK wirksam ist, wenn alle Berührungsstellen der einzelnen Metalle die gleiche Temperatur haben.
Da dies wegen der geringen räumlichen Ausdehnung des Lotes
für die Berührungsstellen der durch dieses verbundenen
Metalle zutrifft, so treten auch an diesen Punkten keine
störenden sekundären Thermokräfte auf.

Das gleiche muß auch an den Klemmen des Meßinstrumentes G der Fall sein, in denen sich das Material des Drahtes I
mit dem der Klemmen berührt. Nur ist hier die Temperaturgleichheit an beiden Klemmen nicht mehr unbedingt vorhanden. Eine Verschiedenheit könnte z. B. durch Erwärmung
von einer Seite hervorgerufen werden, wie durch Aufstellung
einer Lichtquelle oder eines Heizkörpers. Eine solche einsei-
tige Bestrahlung (oder auch Abkühlung) muß vermieden oder
abgeschirmt werden.

Bei der Anordnung der Abb. 48 ist angenommen, daß der
ganze Leiterkreis aus den beiden Drähten des Thermoelementes
besteht. Dies ist in vielen tech-
nischen Untersuchungen nicht ausführbar. Wegen der großen Entfernung zwischen der Meßstelle und
dem Galvanometer reicht oft die
Länge eines vorhandenen Thermoelementes zur Verbindung beider
nicht aus. In solchen Fällen müssen

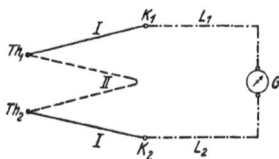

Abb. 59.

(vgl. Abb. 59) noch andere Drähte L_1, L_2 eingeschaltet werden.
Man wählt entweder das Metall I des Elementes oder, des
kleinen spezifischen Widerstandes wegen, Kupfer. Zur Vermeidung störender Thermokräfte ist dafür zu sorgen, daß die Anschlußstellen dieser Drähte K_1, K_2 die gleiche Temperatur haben.

Von den beiden Lötstellen Th_1 und Th_2 wird in den
meisten Fällen die eine auf konstanter Temperatur, etwa 0^0,
gehalten und die andere an die Stelle gebracht, an welcher
die Temperatur gemessen werden soll. Will man mit mehreren
Thermoelementen beobachten, so braucht man nicht für jedes
eine besondere Eisstelle, sondern kann mit einer einzigen aus-
kommen, wenn man folgende Schaltung wählt:

Die beiden Drähte jedes Elementes sind an die korrespon-
dierenden Klemmen eines doppelpoligen Umschalters angelegt

(Abb. 60). Die Schienen, auf welchen der Bügel schleift, sind durch die kalte Lötstelle und das Instrument verbunden. — Eine einpolige Umschaltung von 5 Elementen mit nur einer Eisstelle zeigt Abb. 51 (S. 134).

Grundsätzlich ist jeder Umschalter brauchbar, der an den einzelnen Kontaktstellen keine wesentlichen Übergangswiderstände und keine störenden Thermokräfte aufweist.

Bei technischen Untersuchungen verzichtet man zuweilen auf die Anwendung einer Eislötstelle und verbindet die Elementendrähte I und II unmittelbar mit den Klemmen des Instrumentes G (vgl. Abb. 61). Diese ersetzen dann die Lötstelle Th_2 der Abb. 48; für Temperaturgleichheit der Klemmen muß wiederum gesorgt werden.

Sollte die Entfernung zwischen Th_1 und G so groß sein, daß die Länge des Elementes zum direkten Anklemmen an G nicht ausreicht, so müssen (ebenso wie bei der Anordnung der Abb. 59) an die Enden des Elementes K_1, K_2 (Abb. 62) Verbindungsleitungen L_1, L_2 angesetzt werden.

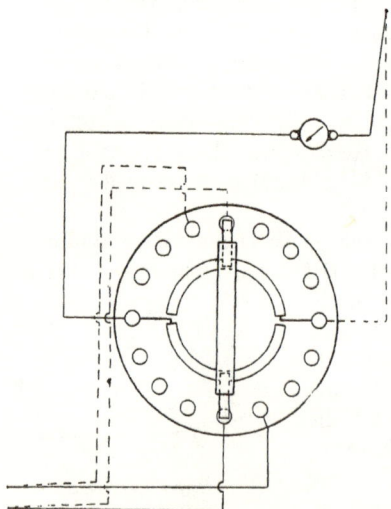

Abb. 60.
Doppelpoliger Umschalter.

Das Anschließen von solchen sog. »Kompensationsleitungen« an die Punkte K_1, K_2 ist in der Praxis, besonders bei ganz hohen Temperaturen, dann erforderlich, wenn die Temperatur der beiden freien Enden des Thermoelementes (wegen der geringen Entfernung von der heißen Meßstelle) so hoch ist, daß ein unmittelbar an sie angeschlossenes Meßinstrument Schaden leiden würde. Man gibt den Kompensationsleitungen eine solche Länge, daß die Temperatur ihrer Enden, wegen der größeren

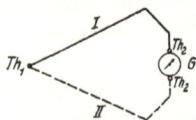

Abb. 61.

Entfernung, dem Einfluß der Meßstelle entzogen wird und möglichst konstant ist. Die Leitungen bestehen bei unedlen Elementen aus den Metallen des Thermoelementes selbst, bei Pt-Pt-Rh, wegen des hohen Preises dieser Metalle, aus Kupferlegierungen mit geringem Nickelgehalt, die von der Heraeus A.-G.[1]) in Hanau a. M. hergestellt werden. Von diesen zeigt die eine gegen reines Platin, die andere gegen Platin-Rhodium zwischen 0 und 200⁰ nur Thermokräfte von weniger als 0,1 Millivolt, zwischen 0 und 150⁰ von weniger als 0,05 Millivolt. Die Temperatur der Anschlußstellen der Kompensationsleitungen an die Enden der Elementen-Schenkel darf also bis zu 200⁰ betragen. Es ist nicht einmal erforderlich, daß beide Anschlußklemmen die gleiche Temperatur besitzen. — Durch letztere Maßnahme wird erzielt, daß auch bei diesem Elemente ebenso wenig wie bei denen aus den unedlen Metallen an den Punkten K_1, K_2 sekundäre, störende Thermokräfte auftreten, und daß daher die Klemmen des Instrumentes G die Rolle der »kalten« Lötstelle Th_2 übernehmen.

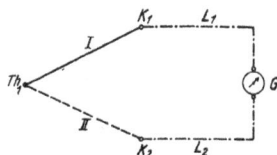

Abb. 62.

Zwischen die Kompensationsleitungen L_1, L_2 und das Galvanometer G schaltet man unter Umständen noch zwei Kupferleitungen C_u, C_u (Abb. 63).

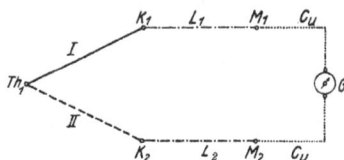

Es muß streng dafür gesorgt werden, daß bei den Schaltungen nach Abb. 61 und 62 die 2 Klemmen des Instrumentes G und daß in gleicher Weise bei der Schaltung der Abb. 63 die 2 Verbindungsstellen M_1, M_2 der Kompensationsleitungen mit den Kupferleitungen untereinander die gleiche Temperatur haben. Andernfalls können große Meßfehler vorkommen.

Abb. 63.

Wie auf S. 129 erwähnt, wird die Eichung der Thermoelemente meist so vorgenommen, daß die kalte Lötstelle auf

---

[1]) Wir verdanken diese noch nicht veröffentlichten Angaben einer freundlichen Mitteilung der Heraeus-Vakuum-Schmelze Akt. Ges. in Hanau a. M.

0^0 gehalten wird. Angenommen, es sei auf Grund einer solchen Eichung ein Galvanometer, durch dessen Ausschlag die Temperatur gemessen werden soll, mit einer Temperaturskala versehen, so ist diese selbstverständlich nur dann unmittelbar verwendbar, wenn auch bei der Anwendung in der Praxis die kalte Lötstelle 0^0 hat. Dagegen ist an der Temperaturangabe des Instrumentes eine Korrektur anzubringen, falls, wie oben erwähnt, die kalte Lötstelle aus bestimmten Gründen nicht auf 0^0 gehalten wird. Die Größe dieser Korrektur ergibt sich aus folgender Überlegung:

Wenn die Thermokraft, wie angenähert, bei Kupfer-Konstantan, Eisen-Konstantan und Nickel-Nickelchrom linear mit der Temperaturdifferenz der Lötstellen wächst, so entsprechen auf der Instrumentenskala gleichen Änderungen der Temperatur überall gleiche Änderungen des Zeigerausschlages. — Würde man also die kalte Lötstelle nicht auf 0^0, sondern etwa auf 10^0 halten, so würde für jede beliebige Temperatur der heißen Lötstelle der Zeigerausschlag um 10 Skalenteile, also um 10^0, niedriger sein. Aus der Ablesung am Instrument erhält man daher die Temperatur der heißen Lötstelle in ^{0} C einfach dadurch, daß man zu der Ablesung die Temperatur der kalten Lötstelle, also im angenommenen Falle 10^0, hinzuaddiert.

Dies ist jedoch nicht zulässig, wenn die Thermokraft etwa, wie z. B. bei dem Platin-Platinrhodium-Element, bei tiefen Temperaturen langsamer, bei hohen Temperaturen schneller anwächst. Die Teilstriche der Temperaturskala stehen bei diesem Elemente bei tiefen Temperaturen dichter nebeneinander als bei hohen. Wenn man nun nicht, was stets zulässig ist, v o r Beginn der Beobachtung und bei abgeschaltetem Thermoelement den Instrumentenzeiger m e c h a n i s c h auf der Skala statt auf 0^0 auf die Temperatur der kalten Lötstelle einstellt, so kann man die Messung auch so vornehmen, daß man die Nullstellung des Zeigers, wie üblich, auf 0^0 beläßt und zunächst die Ablesung der Zeigerstellung ausführt. Nachträglich nimmt man aber dann wenigstens in Gedanken die Verschiebung des ganzen Ausschlages in der Weise vor, als ob sie nicht von 0^0, sondern von der wirklich vorhandenen Temperatur der kalten Lötstelle erfolge. Dieses Gedankenexperiment läßt sich sehr leicht ausführen; bei dem Pt-Pt Rh-Element stehen nämlich die Skalenteile von 0 bis 100⁰ etwa doppelt so dicht wie von 1000 bis 1100⁰. Hat also die kalte Lötstelle nicht, wie es die Eichung der Temperaturskala verlangt, 0⁰ sondern etwa 100⁰, so muß der Ausschlag etwa bei 1000⁰ C um soviel Winkelgrade vergrößert werden, als dem Intervall von 0⁰ bis 100⁰ C entsprechen. Dies sind aber bei 1000⁰ nur ½ · 100⁰, also 50⁰. Für die durch die Temperatur der kalten Lötstelle bedingte Korrektur der Ablesung am Instrument gilt also die Regel, daß man zu dieser, also etwa zu 1000, die halbe Temperatur der kalten Lötstelle, also ½ · 100 addiert; man gelangt so zu 1050⁰ C.

Es sei noch erwähnt, daß grundsätzlich eine metallische Berührung einer Stelle des Thermokreises mit einem beliebigen Körper, also etwa der Erdschluß einer Lötstelle, die Messung nicht fälschen würde, wenn der ganze übrige Kreis völlig isoliert ist; denn es kommt nur die Differenz der elektrischen Spannungen der 2 Lötstellen, aber nicht deren absolute Höhe zur Messung. Sicherheitshalber wird man aber im allgemeinen die völlige elektrische Isolierung des ganzen Kreises anstreben, damit sich nicht etwa einmal 2 schadhafte Stellen der Isolierung einstellen und dadurch eine richtige Messung des Thermostromes unmöglich machen.

F) Schaltung bei rotierenden Körpern.

Bei der Temperaturmessung an bewegten Körpern kann nur eine der elektrischen Methoden, dagegen nicht die Ablesung mit einem Flüssigkeitsthermometer zur Anwendung kommen. Ist die Bewegung eine hin und her gehende, so ist sowohl das Thermoelement als auch das Widerstandsthermometer in der gleichen Weise verwendbar, als wenn der Körper sich in Ruhe befindet. Besondere Schwierigkeiten treten jedoch auf, wenn der Körper Umdrehungen ausführt. Derartige Messungen kommen bei elektrischen Maschinen, Dampfturbinen und Turbogebläsen sowie Flugmotoren mit rotierenden Zylindern vor.

Bei der Verwendung von Thermoelementen besteht die experimentelle Schwierigkeit darin, die zu messende Thermokraft von dem in Umdrehung befindlichen Körper zu dem ruhenden Meßinstrument fortzuleiten, ohne daß dabei in dem Stromkreis sekundäre, störende Thermokräfte entstehen. Die Abnahme durch Schleifen und Bürsten ist unmöglich, da man sogar thermoelektrische Kräfte für den Fall konstatiert hat, wo die Schleifringe und Bürsten aus dem gleichen Material bestehen.

Die störungsfreie Abnahme der thermoelektrischen Kraft läßt sich nun durch Anwendung von Quecksilberkontakt-

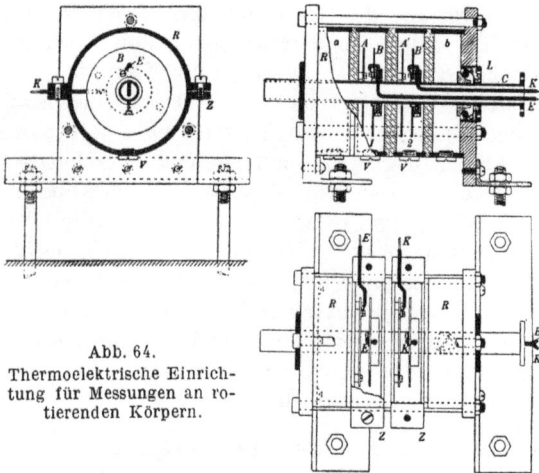

Abb. 64.
Thermoelektrische Einrichtung für Messungen an rotierenden Körpern.

zellen erreichen[1]), durch welche eine drehbare Achse läuft, die mit der zu untersuchenden Maschine direkt gekuppelt wird. Abb. 64 zeigt Schnitt und Ansicht, Abb. 65 die Photographie eines Apparates für ein Thermoelement.

Zwischen 2 rechteckigen schmiedeeisernen Schildern befinden sich 4 aus einem 3″ Gasrohr hergestellte Ringe R, welche durch Hartgummischeiben voneinander getrennt sind. Ringe, Hartgummischeiben und Schilder sind mittels Ankerschrauben gegeneinander festgehalten und bilden so 4 geschlossene Zellen, deren jede von der anderen elektrisch isoliert ist.

---

[1]) E. Hinlein, Zeitschr. f. Instrumentenkunde, 1912, S. 91; vgl. auch Forschungsarb. a. d. Gebiete d. Ingenieurwes., Heft 98/99, 1911, und Zeitschr. d. Ver. deutsch. Ing. 1911, S. 730.

Die 2 Zellen *a* und *b* sind leer und bezwecken nur die »aktiven Zellen« 1 und 2 gegen Erde zu isolieren. In jeder der aktiven Zellen befinden sich 2 Kupferscheiben *A*, *B* bzw. *A'*, *B'* von genau gleichem Material. Die eine ringförmige Scheibe *A* bzw. *A'* ist fest mit der Hartgummiplatte verbunden, während die andere Scheibe *B* bzw. *B'* mit der durch alle Zellen gehenden hohlen Welle *C* durch isolierende Hartgummiröllchen verbunden ist und mit der Welle rotiert. Jede der aktiven Zellen 1 und 2 ist für einen Draht bestimmt, indem sie zwischen einem in Bewegung befindlichen und einem ruhenden Draht

Abb. 65.

Kontakt herstellen soll, z. B. Zelle 1 für den Eisendraht *E* und Zelle 2 für den Konstantandraht *K* eines Eisen-Konstantan-Elementes.

Der Eisendraht ist in der hohlen Welle der Kontaktzellen bis zur Zelle 1 geführt, biegt hier durch eine Bohrung der Welle und des Hartgummiröllchens senkrecht zur Wellenachse ab und ist durch eine Schraube mit der rotierenden Kupferscheibe *B* verbunden. Der Eisendraht der ruhenden Lötstelle tritt durch den Flansch *Z* in die Zelle ein und ist mit dem feststehenden Kupferring *A* verschraubt.

Um nun den Kontakt zwischen der ruhenden und rotierenden Scheibe herzustellen, wird die Zelle zu einem Viertel mit Quecksilber gefüllt. Am Boden jeder Zelle ist eine Schraube *V*

angeordnet, um das Quecksilber von Zeit zu Zeit ablassen
zu können. Die Drähte werden durch übergezogene Gummi-
schläuche isoliert. Um ein Eintreten von Quecksilber durch
die Bohrung der Welle in diese zu verhindern, ist der Draht
in der Bohrung des Hartgummiröllchens durch einen Paraffin-
pfropfen gedichtet. In gleicher Weise wie der Eisendraht ist
auch der Konstantandraht in die Zelle 2 geführt.

Jede Zelle stellt als Ganzes betrachtet gleichsam eine
Unterbrechung des betreffenden Drahtes in der Form einer
»flüssigen Lötstelle« dar, und das Auftreten einer neuen thermo-

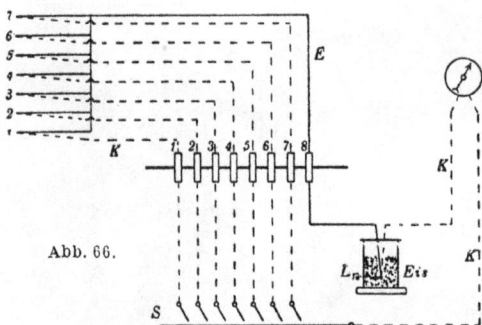

Abb. 66.

elektrischen Kraft wird nur dann vermieden sein, wenn die
Unterbrechungsbedingungen sowohl für den einzuführenden als
für den auszuführenden Draht genau dieselben sind.

Deshalb müssen für jede Zelle die zwei Kupferscheiben
und die zwei Eisen- und Konstantandrähte aus dem gleichen
Material bestehen und ferner die Kupferscheiben die gleiche
Temperatur haben. Letzteres wird dadurch erreicht, daß man
die Welle mit wassergekühlten Lagern oder Kugellagern L
(s. Abb. 64) versieht. Dadurch wird verhindert, daß sich die
Welle im Lager erwärmt und die rotierende Kupferscheibe
eine höhere Temperatur annimmt als die ruhende.

Ist die Temperatur nicht an einer Stelle, sondern an
mehreren, etwa 7 Stellen, zu bestimmen, so kann man die
Schaltung nach Abb. 66 wählen. Durch Verbindung der Eisen-
drähte der 7 Elemente ist nur eine Eisendrahtzelle nötig und
außerdem für den Konstantandraht je eines Elementes eine

Zelle, so daß sich nur eine Zelle mehr als die Zahl der Thermoelemente ergibt. Der Eisendraht E von Zelle 8 wird zur Nullpunktslötstelle L_n (Eis) geführt, von der aus ein Konstantandraht K die Verbindung mit der einen Klemme des Galvanometers herstellt.

Die aus den Zellen herausgeführten Konstantandrähte sind zu einem Umschalter S geführt, der jedes einzelne Element mit dem Galvanometer verbindet.

Die beschriebenen Quecksilberzellen können in gleicher Weise als thermokraftfreie Verbindung mit einem auf dem rotierenden Teil gelegenen Widerstandsthermometer dienen. Bei der Anbringung von Schleifringen oder ähnlichen Stromabnehmern treten unvermeidliche und wechselnde Übergangswiderstände sowie auch Thermokräfte auf, die bei den Quecksilberzellen vermieden werden.

§ 13. Das Widerstandsthermometer.

Neben dem Thermoelement kommt als zweites elektrisches Instrument für die Temperaturmessung das Widerstandsthermometer zur Anwendung. Dieses beruht auf der Tatsache, daß der elektrische Leitungswiderstand der Metalle mit wachsender Temperatur zunimmt. Ist für einen gegebenen Draht die Abhängigkeit des Widerstandes von der Temperatur durch dessen Beobachtung bei einer Reihe bekannter Temperaturen bestimmt worden, so kann umgekehrt jede beliebige unbekannte Temperatur aus dem ihr zugehörigen Werte des Widerstandes ermittelt werden. Der Draht kann somit als Widerstandsthermometer dienen.

Ebenso wie die Thermoelemente haben auch die Widerstandsthermometer vor den Flüssigkeitsthermometern den Vorzug, daß die Beobachtungen auch fern von der Meßstelle gemacht und erforderlichenfalls fortlaufend registriert werden können.

Während der spezifische Widerstand, d. h. der auf bestimmte feste Dimensionen (1 m Länge und 1 mm² Querschnitt) bezogene, für die verschiedenen Metalle innerhalb ziemlich weiter Grenzen schwankt, ist die relative Zunahme des Widerstandes für 1⁰ bei allen Metallen nahezu gleich

0,004[1]). Für die Wahl des Metalles, mit dem man eine möglichst große Meßgenauigkeit erreichen will, ist daher nicht sein Temperaturkoeffizient, sondern sein spezifischer Widerstand maßgebend, und zwar sind die Metalle mit großem Widerstande zu bevorzugen, da für diese bei einer gegebenen Drahtlänge die absolute Änderung des Widerstandes für 1⁰ am größten ist.

Außerdem ist für die Auswahl des Metalles bestimmend, daß es von Gasen nicht chemisch angegriffen wird, und daß die seinen elektrischen Widerstand bestimmenden Konstanten möglichst unveränderlich sind. Es kommen daher vor allem Widerstandsthermometer aus Platin, seltener solche aus Nickel[2]) zum Gebrauch. Die aus Platin sind von den tiefsten Temperaturen bis zu 1000⁰ hinsichtlich ihrer Brauchbarkeit geprüft.

Das Widerstandsthermometer hat sich in der Praxis hauptsächlich dort eingebürgert, wo Temperaturen in weit voneinander entfernten Räumen von einer einzigen Stelle aus beobachtet werden sollen, z. B. bei Heizungsanlagen, wo der Kesselwärter die Temperatur in den verschiedensten Teilen der Anlage von einer Zentralstelle im Kesselhause aus kontrollieren muß.

---

[1]) Als Gedächtnisregel kann dienen, daß der Temperaturkoeffizient des Widerstandes ungefähr ebenso groß ist wie der Ausdehnungskoeffizient der Gase, also $1/_{273}$. — Eine Erklärung hiefür bahnt die Elektronentheorie an. Nach dieser bewegen sich in den Metallen die Elektronen, also die Elementarteilchen der negativen Elektrizität, frei herum, wie die Gasteilchen nach der kinetischen Gastheorie. Bei Anschaltung einer Potentialdifferenz an einen Metalldraht erhalten die Elektronen einen Bewegungsantrieb nach bestimmter Richtung. Wie weit sie diesem Antriebe folgen, wie groß also der elektrische Leitungswiderstand des Drahtes ist, hängt von der kinetischen Energie ihrer Eigenbewegung ab, für deren Zunahme mit der Temperatur eben nach der kinetischen Gastheorie gerade der Koeffizient der Gase $a = 1/_{273}$ maßgebend ist.

[2]) Zuweilen ist das Metall nicht beliebig wählbar, z. B. bei den Temperaturmessungen der Wicklungen elektrischer Maschinen. Vielfach werden hier die Wicklungen selbst als Widerstandsthermometer benutzt. Da diese nicht geeicht werden können und die Widerstandskonstanten der hier benutzten Metalle für die zu untersuchende Maschine nicht genau bekannt sind, ist diese Art der Temperaturbestimmung nicht allzu zuverlässig.

Da die Abhängigkeit des Widerstandes von der Temperatur
sehr genau bekannt ist, so empfiehlt sich seine Anwendung
zunächst in den Fällen, wo die Meßgenauigkeit der Thermoelemente nicht mehr ausreicht, und ferner dann, wenn nicht
die Temperatur eines einzigen Punktes, sondern die mittlere
Temperatur eines mehr oder minder ausgedehnten Raumes bestimmt werden soll. Da nämlich der Widerstandsdraht auch
bei einem verhältnismäßig großen spezifischen Widerstande
eine gewisse Länge haben muß, so besitzt das Widerstandsthermometer, ebenso wie das Quecksilberthermometer, eine
größere räumliche Ausdehnung als das Thermoelement. Es
eignet sich also besonders für die Messung von Mitteltempera-
turen und hat dabei vor dem Quecksilberthermometer den
Vorzug, daß es nicht an eine bestimmte Lage gegen den Hori-
zont gebunden ist.

Innerhalb kleiner Temperaturbereiche kann man die
Widerstandsänderung der Temperaturänderung proportional
setzen; innerhalb weiterer Temperaturgrenzen läßt sich der
Widerstand als eine quadratische Funktion der Temperatur
darstellen.

Die Temperaturbestimmung mit dem Platinthermometer
geschieht nach dem Vorschlag von Callendar in der Weise,
daß man dessen Widerstand w_0 bei 0^0, w_{100} bei 100^0 und w_t
bei der zu bestimmenden Temperatur t mißt und dann zunächst
die sog. Platintemperatur t_p unter der Annahme berechnet,
daß der Widerstand linear mit der Temperatur zunimmt.
Alsdann ist

$$w_t = w_0 (1 + \alpha\, t_p) \quad\ldots\ldots\ldots (23)$$

worin der Temperaturkoeffizient des elektrischen Widerstandes

$$\alpha = \frac{w_{100} - w_0}{100\, w_0} \quad\ldots\ldots\ldots (24)$$

ist.

Daraus folgt

$$t_p = \frac{w_t}{\alpha\, w_0} - \frac{1}{\alpha} = \frac{100\,(w_t - w_0)}{w_{100} - w_0} \quad\ldots (25)$$

Da, wie erwähnt, die obige Annahme nicht streng zutrifft,
sondern der Widerstand eine quadratische Funktion der Tem-

peratur ist, so ist zu t_p noch ein Korrektionsglied zu addieren, um t zu erhalten. Es besteht die Beziehung

$$t = t_p + \delta \left[\left(\frac{t}{100} \right)^2 - \frac{t}{100} \right] \quad \ldots \ldots \quad (26)$$

worin δ eine Konstante ist.

Je nach der Reinheit des Platins schwanken die Konstanten α und δ von 0,00386 bis 0,00392 bzw. 1,51 bis 1,48. Der Koeffizient α ist um so größer und δ im allgemeinen gleichzeitig um so kleiner, je reiner das Platin ist. Die sog. »Platinkonstante« δ ist eine für die einzelnen Sorten verschiedene, aber feste Größe. Das gleiche gilt im allgemeinen von α. Größeren Änderungen im Laufe der Zeit kann jedoch der Widerstand w_0 unterworfen sein. Dieser ist daher öfters zu prüfen.

Den Koeffizienten α findet man dadurch, daß man den Widerstand bei zwei Temperaturen z. B. 0^0 und 100^0 beobachtet. Zur Bestimmung der Konstante δ ist noch ein dritter Fixpunkt (Schwefelsiedepunkt $444,6^0$) notwendig.

Die Gleichung (26) ist wohl dazu geeignet, die Abhängigkeit des Widerstandes w_t von der Temperatur t in einer Zahlentafel oder graphisch (in einer Kurve) darzustellen, jedoch nicht, um ohne eine solche Darstellung aus einem beobachteten Werte von w_t unmittelbar t zu berechnen; denn die Unbekannte t tritt auf beiden Seiten der Gleichung auf.

Hierzu eignet sich mehr die quadratische Gleichung

$$w_t = w_0 \left(1 + m\,t + n\,t^2 \right) \quad \ldots \ldots \quad (27)$$

aus welcher folgt

$$t = -\frac{m}{2\,n} - \sqrt{\left(\frac{m}{2\,n} \right)^2 + \frac{w_t - w_0}{n\,w_0}} \quad \ldots \ldots \quad (28)$$

Hierin ist

$$\frac{m}{2\,n} = -\left(1 + \frac{\delta}{100} \right) \cdot \frac{10\,000}{2\,\delta}$$

und

$$n = -\frac{\alpha\,\delta}{10\,000}.$$

Die Widerstandsbestimmung kann je nach der gewünschten Genauigkeit der Temperaturmessung mit jeder in der Schwachstromtechnik gebräuchlichen Methode vorgenommen werden. Am meisten wird gebraucht a) die Wheatstonesche Drahtverzweigung oder b) das Kreuzspul-Instrument.

A) Die Wheatstonesche Brücke.

Sie (Abb. 67) beruht bekanntlich auf der Teilung des von einem Arbeitselement A ausgehenden Stromes in 2 durch die Zweige $B\,D\,C$ und $B\,E\,C$ geleitete Teile, die durch einen das Galvanometer G enthaltenden Draht $D\,E$ verbunden sind. Stehen die Widerstände W_x, W_1, W_2, W_3 der so gebildeten 4 Zweige in dem Größenverhältnis

$$W_x : W_1 = W_2 : W_3,$$

so ist der Draht $D\,E$ stromlos, und das Galvanometer zeigt keinen Ausschlag.

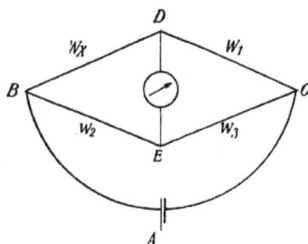

Abb. 67.

Sind also W_1, W_2, W_3 bekannt, etwa die aus einem Widerstandskasten passend gewählten Widerstandsrollen, so kann man nach dieser »Nullmethode« den unbekannten Widerstand W_x bestimmen und daraus seine Temperatur entnehmen, falls der Widerstandsdraht vorher auf Temperaturen geeicht ist.

Das hierbei erforderliche Ein- und Ausschalten von Widerständen ist bei Laboratoriumsmessungen leicht ausführbar, bei Messungen in der Praxis aber vielfach unbequem. Man benutzt daher bei letzteren die Wheatstonesche Anordnung vielfach in der Form einer »Ausschlagsmethode«.

Die Stromlosigkeit des Galvanometers nach Abb. 67 findet ja dann statt, wenn der Spannungsabfall von B bis D ebenso groß ist wie der von B bis E, so daß zwischen D und E keine Spannungsdifferenz besteht. Trifft dies bei einer bestimmten Temperatur t_x des Widerstandsthermometers zu, so daß dessen Widerstand W_x der Gleichung genügt

$$W_x : W_1 = W_2 : W_3,$$

so wird der Widerstand des Widerstandsthermometers bei Temperaturen über $t_x{}^0$ größer als W_x, bei Temperaturen unter $t_x{}^0$ kleiner als W_x sein. Infolgedessen ist die Spannung in D kleiner bzw. größer als die in E, und das Galvanometer zeigt

einen Ausschlag im einen oder anderen Sinne an, der desto
größer ist, je mehr die Temperatur von $t_x{}^0$ abweicht. Benutzt
man also stets ein Arbeitselement A von einer bestimmten
EMK, so kann man das Galvanometer G so eichen, daß
dessen Ausschlag auf einer Skala direkt die Temperatur des
Widerstandsthermometers angibt. Dieser läßt sich mit einem
registrierenden Instrumente aufzeichnen und zeitlich verfolgen.
— Jede Temperaturmessung mit dem betreffenden Thermometer beginnt dann damit, daß man die Klemmenspannung
am Widerstandsthermometer durch Einschaltung des nötigen
Vorschaltwiderstandes auf den bei der Eichung benutzten
Wert einstellt.

Sowohl bei der Nullmethode als auch bei der Ausschlagsmethode können die in § 12B bei den Thermoelementen beschriebenen Galvanometer benutzt werden. Ihre Empfindlichkeit ist entsprechend der gewünschten Genauigkeit der
Temperaturmessung zu wählen.

B) Das Kreuzspul-Instrument.[1]

Eine große Genauigkeit der Widerstandsmessung läßt
sich mit einem Kreuzspulinstrument erreichen. Es enthält
zwei parallel geschaltete Drahtwicklungen von gleichem
Widerstande, durch welche der Strom eines Elementes in zwei
genau gleichen Hälften hindurch fließt. Diese Wicklungen
sind so verlegt, daß die beiden Zweigströme auf den drehbaren Teil des Instrumentes (eine Magnetnadel oder die Spule
eines Drehspulengalvanometers) gleiche, aber entgegengesetzte
Drehmomente ausüben. Infolgedessen zeigt das Galvanometer
bei Einschalten eines Stromes keinen Ausschlag.

In gleicher Weise bleibt das Galvanometer in Ruhe, wenn
von zwei einander gleichen Widerständen außerhalb des Instrumentes der eine vor die eine, der andere vor die andere
Wicklung des Galvanometers geschaltet wird.

Diesen Umstand kann man zu einer Widerstandsmessung
benutzen, indem man in die eine Zweigleitung den zu bestimmenden unbekannten Widerstand W_x und in die andere
Zweigleitung einen meßbar veränderlichen, bekannten Wider-

---

[1] Nähere Angaben finden sich bei G. Keinath (a. a. O.).

stand W legt und den letzteren so lange verändert, bis das Galvanometer keinen Ausschlag zeigt. Alsdann sind der bekannte und der unbekannte Widerstand einander gleich. Eine schematische Anordnung mit Drehspulensystem zeigt Abb. 68.

Das Kreuzspulinstrument führt somit bei der ursprünglichen Art seiner Anwendung zu einer Nullmethode der Widerstandsbestimmung, in gleicher Weise wie die Wheatstonesche Brücke. Ebenso wie diese aber auch in eine Ausschlagsmethode umgewandelt und in einem

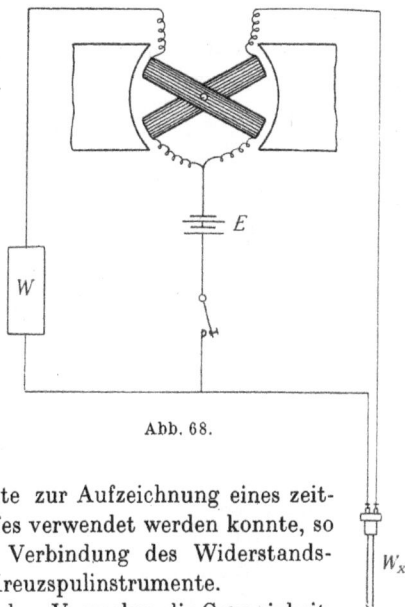

Abb. 68.

registrierenden Instrumente zur Aufzeichnung eines zeitlichen Temperaturverlaufes verwendet werden konnte, so gilt das gleiche von der Verbindung des Widerstandsthermometers mit dem Kreuzspulinstrumente.

Soll bei wissenschaftlichen Versuchen die Genauigkeit, welche die Temperaturmessung mit dem Widerstandsthermometer zuläßt, voll ausgenutzt werden, so ist eine Schaltung anzuwenden, welche den Einfluß der Widerstände der Zuleitungsdrähte aus dem Meßergebnis ausschaltet. Denn falls diese aus konstruktiven Gründen eine größere Länge haben müssen und keine genau bestimmbare Temperatur haben, so würden sie die Genauigkeit der Widerstands- und Temperaturbestimmung stark herabsetzen. In solchen Fällen ist die sog. »Methode des übergreifenden Nebenschlusses« zu verwenden.

Hierbei (Abb. 69) sind die zwei Galvanometerzweige des Kreuzspulinstrumentes im Nebenschluß an das Widerstandsthermometer W_x und den Vergleichswiderstand W geschaltet, und zwar so, daß sie vom Strome im entgegengesetzten Sinne durchlaufen werden. Der Umschalter U ermöglicht es, die Stromquelle E entweder zwischen die Punkte B und A' oder

A und B' zu legen. Der sechsnäpfige Quecksilberumschalter enthält drei Kupferbügel, durch welche je zwei Näpfe, entsprechend den ausgezogenen oder punktierten Linien, miteinander verbunden werden.

Wird nun der Ausschlag des Instrumentes bei der ersten Umschalterstellung durch den Vergleichswiderstand W_1, bei

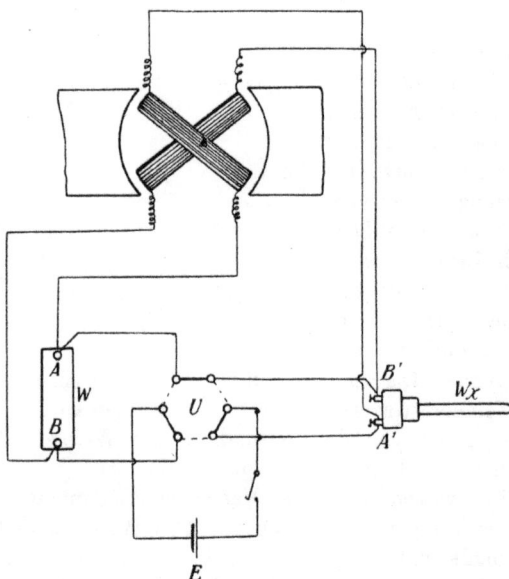

Abb. 69.

der zweiten Stellung durch den Widerstand W_2 zum Verschwinden gebracht, so ist der unbekannte Widerstand des Widerstandsthermometers $W_x = \frac{1}{2}(W_1 + W_2)$. Die Widerstände der Zuleitungsdrähte von W_x sind also aus dem Versuchsergebnis eliminiert.

C) Der Kompensator.

Vielfach wird die Temperaturmessung mit dem Widerstandsthermometer unter Verwendung des in § 12C erwähnten Kompensators vorgenommen. Man berechnet entweder nach

dem Ohmschen Gesetz den Widerstand aus unmittelbar auf-
einander folgenden Beobachtungen der an den Enden des
Widerstandsthermometers herrschenden Spannungsdifferenz
und der durch dasselbe fließenden Stromstärke, oder man
vergleicht den Spannungsabfall am Widerstandsthermometer
mit demjenigen an den Enden eines in den gleichen Leiterkreis
eingeschalteten bekannten Widerstandes.

D) Ausführungsformen.

In den meisten Fällen erhalten die Widerstandsthermometer die lange zylindrische Form des Quecksilberthermo-

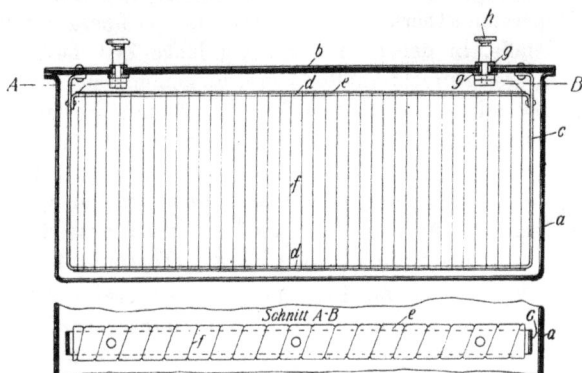

Abb. 70.
Widerstandsthermometer in einem Luftkanal.

meters. Hierbei wird ein dünner Platindraht auf ein Glimmerkreuz frei in Luft hängend aufgewickelt und zum Schutze
gegen Verletzungen in ein Glasrohr eingeschlossen. Diese
Form ist besonders bei wissenschaftlichen Untersuchungen
gebräuchlich. Bei technischen Geräten wird das Platin auch
in Quarz fest eingeschmolzen.

Für die Fälle, in denen die mittlere Temperatur in einem
ausgedehnten Bereich gemessen werden soll, müssen die Draht-
windungen über den betreffenden Raum verteilt werden. Die
Formen der Widerstandsthermometer sind hier sehr vielgestal-
tig, und es soll daher nur ein charakteristisches Beispiel näher
beschrieben werden. Abb. 70 zeigt ein Thermometer, das die
mittlere Temperatur der heißen Gase in einem Kanal a messen

soll. An den Deckel *b* ist ein Rahmen *c* aus etwa 1 mm starkem Eisenband befestigt. Auf den Querleisten *d* sind überstehende Streifen von Glimmer *e* aufgenietet. Diese tragen in kleinen Einkerbungen die Platinwicklung *f* von 0,1 mm Drahtdurchmesser. Die Drahtenden sind an die im Deckel befestigten und durch die Glimmerscheiben *g* von diesem isolierten Klemmen *h* geführt[1]).

§ 14. Apparate zur Kontrolle der Temperatur-Meßinstrumente.

Zur Kontrolle der Flüssigkeitsthermometer, Thermoelemente und Widerstandsthermometer bedarf man Temperaturbäder, d. h. Gefäße, in denen man beliebig lange Zeit bestimmte Temperaturen aufrechterhalten kann. Es kommen in Betracht: ein Gefäß mit schmelzendem Eis für 0⁰, mit verdampfendem Wasser für 100⁰, mit siedendem Schwefel für 444,6⁰. Will man einen Vergleich mit geeichten Instrumenten bei beliebigen anderen Temperaturen vornehmen, so bedient man sich eines elektrisch geheizten Öl-bades oder Kupferblockes (Thermostaten).

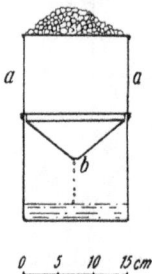

a) Zur Erzeugung der Temperatur 0⁰ bringt man gestoßenes Eis, das erforderlichenfalls zur Beseitigung einer etwaigen Unterkühlung mit Wasser angefeuchtet ist, in ein Gefäß der in Abb. 71 gezeichneten Form *a*. Die kegelförmige Gestalt des Trichters, in den der temperatur-empfindliche Teil des Meßgerätes (also z. B. die Kugel eines Quecksilberthermometers) eingeführt wird und aus dessen unterer Öffnung *b* das sich bildende Schmelzwasser abtropft, bietet einen doppelten Vorteil. Erstens muß das gesamte Schmelzwasser an der Quecksilberkugel vorbeifließen und hält nach Möglichkeit von

Abb. 71.

0 5 10 15 cm

---

[1]) Zum Zwecke der Eichung dieses Thermometers muß der benutzte Platindraht in der zuerst beschriebenen Weise auf ein Glimmerkreuz gewickelt und in ein Glasrohr eingeschlossen werden, um es in die in § 14 beschriebenen Apparate einführen zu können. Beim Aufwickeln des Widerstandsdrahtes auf das Glimmerkreuz und die Querleisten *d* des Rahmens *c* ist streng zu vermeiden, daß der Draht scharf gebogen oder gar geknickt wird.

ihr die Luft der wärmeren Umgebung fern. Zweitens gleitet das abschmelzende Eis möglichst von selbst zu dem Quecksilbergefäß hinunter und hält dieses umschlossen. Bei längerem Gebrauch des Eisbehälters, wie z. B. bei der Kühlung der einen Lötstelle des Thermoelementes, ist stets durch einen sanften Druck auf die Oberfläche des Eises für dessen innige Berührung mit dem Meßinstrument zu sorgen.

b) Als Wasser-Siede-Apparat zur Erzeugung der Temperatur des gesättigten Wasserdampfes beim herrschenden Barometerstande benutzt man ein Messinggefäß der in Abb. 72 abgebildeten Form[1]). Dieses ist in seinem unteren Teile a mit Wasser gefüllt, dessen Menge am Wasserstandsrohre b beobachtet werden kann, und wird von unten durch einen Gasbrenner geheizt. Auf a sind zwei koaxiale Zylinder c_1 und d_1 aufgelötet, in oder über welche, gut passend, die beiden Zylinder c_2 und d_2 geschoben werden. Auf d_2 sitzt der Deckel e, welcher eine Öffnung f besitzt, in die mittels eines durchbohrten Korkstopfens das zu eichende Thermometer eingeschoben wird. c_2 und d_2 werden soweit gehoben oder gesenkt, daß im Raum g das Thermometer Platz findet, ohne dem Wasser in a zu nahe zu kommen oder gar in dieses einzutauchen. Der in a entwickelte Dampf nimmt den durch Pfeile angedeuteten Weg.

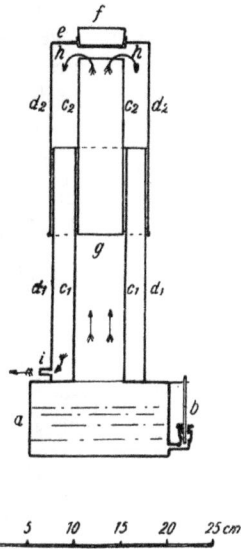

Abb. 72.

Quecksilberthermometer müssen so eingesetzt werden, daß der Meniskus gerade aus dem Korkstopfen heraussieht, so

---

[1]) Die Beschreibung eines von der Physikalisch-Technischen Reichsanstalt konstruierten Wassersiedeapparates, der für äußerst genaue Eichungen anwendbar ist, findet sich in der Arbeit: Fr. Grützmacher, Neuere Thermostaten. Deutsche Mechanikerzeitung (Beibl. zur Zeitschr. f. Instrumentenkunde) 1902, S. 184, 193, 201.

daß kein »herausragender Faden« vorhanden und daher keine »Fadenkorrektur« erforderlich ist (vgl. oben S. 124).

Die Anordnung des Apparates entspricht vollkommen den im I. Teile des Buches entwickelten Grundsätzen für den einwandfreien Einbau eines Temperatur-Meßinstrumentes. Denn dieses ist in seiner ganzen Länge bis zum Deckel e in den Raum eingesetzt, dessen Temperatur es annehmen soll, und ferner durch den Zylinder c vor Abstrahlung geschützt, welcher infolge der gewählten Dampfführung wie ein auf 100^0 geheizter Strahlungsschutz wirkt (vgl. S. 27, 95, 101 u. 104).

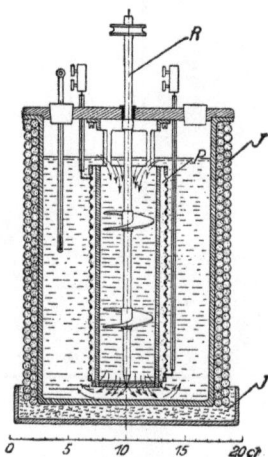

Abb. 73.

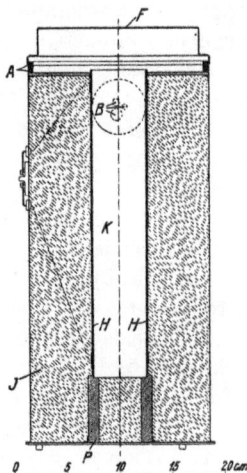

Abb. 74.

c) Neben den Fixpunkten 0^0 und 100^0 benutzt man bei Meßinstrumenten, die bei hohen Temperaturen angewandt werden sollen, den Siedepunkt des Schwefels von $444,6^0$ C[1]).

d) Abb. 73 gibt die Abbildung eines elektrisch geheizten Öl-Thermostaten[2]): P bedeutet ein Porzellanrohr mit Heizspirale,

---

[1]) Einen elektrisch geheizten Apparat für sehr genaue Eichungen beschreibt W. Meissner, Ann. d. Phys. (4) 39, (1912), S. 1230.

[2]) Vgl. auch R. Rothe, Zeitschr. f. Instrumentenkunde 19 (1899), S. 143, ferner Tätigkeitsberichte der Physikalisch-Technischen Reichsanstalt, Zeitschr. f. Instrumentenkunde 37 (1917), S. 126 und 38 (1918), S. 98.

innerhalb welcher ein Rührer R das Öl des Thermostaten in Bewegung setzt. Letzterer selbst ist zur Vermeidung von Wärmeverlusten mit einer Wärme-Isolation J versehen.

In vielen Fällen ist der in Abb. 74 dargestellte »Metall-thermostat« sehr geeignet, der von den tiefsten bis zu sehr hohen Temperaturen verwendbar ist. Ein zylindrischer Metallblock K (z. B. aus Kupfer), um den eine elektrische Heizung H gelegt ist, ruht auf einem Porzellanfuß P. Er enthält parallel zu seiner Achse eine Anzahl von Bohrungen B zur Aufnahme der zur Eichung zu verwendenden Meßgeräte und ist seitlich und nach unten durch einen Schutzstoff J sorgfältig gegen Wärmeverluste isoliert. Um die Verluste nach oben möglichst zu verringern, sind mehrere Bleche aus Nickel aufgelegt, die durch Asbestzwischenlagen A voneinander getrennt sind und die erforderlichen Bohrungen für das Einführen der Meßgeräte besitzen. Letztere werden an einem Flacheisenbügel F befestigt.

§ 15. Die Strahlungspyrometer.[1])

Für Temperaturen, die so hoch liegen, daß ihnen alle oben besprochenen Meßgeräte wegen der Gefahr der Zerstörung nicht ausgesetzt werden dürfen, kommt nur noch die Temperaturbestimmung mittels der Strahlung in Betracht, die von dem zu untersuchenden Körper ausgeht. Während die bisher erwähnten Temperaturmeßgeräte sämtlich mit diesem Körper in unmittelbare Berührung gebracht werden müssen, befinden sich die sog. Strahlungspyrometer in größerer Entfernung von ihm. Nur die von ihm ausgehenden Strahlen werden untersucht und zur Temperaturmessung benutzt.

Diese Pyrometer ordnen sich also dem Grundgedanken des vorliegenden Buches insoferne nicht recht ein, als dieses vor allem die Meßfehler behandeln soll, die durch ungeeigneten Einbau des Meßinstrumentes entstehen. Trotzdem sollen der ihnen zugrunde liegende Gedanke und einige Ausführungsformen besprochen werden, sowohl wegen ihrer ständig wach-

---

[1]) Vgl. auch die zusammenfassenden Darstellungen: F. Henning, Phys. Zeitschr. 20 (1919) S. 34 und Zeitschr. f. Elektrochemie u. angew. phys. Chemie 30 (1924) S. 309. — H. Schmidt, Mitt. d. Wärmestelle Düsseldorf, Ver. deutsch. Eisenhüttenleute Nr. 77 (1925).

senden Verwendung in der Praxis, als auch zur Beurteilung ihrer Eignung in einem besonderen vorliegenden Falle, sowie endlich weil bei ihrer Anwendung zuweilen Hilfskörper eingesetzt werden müssen (s. Abb. 43, S. 108), für deren Einbau ähnliche Betrachtungen anzustellen sind, wie bei dem der Thermometer.

Man kann die Strahlungspyrometer einteilen in solche, bei denen nur die sichtbaren Strahlen untersucht und gemessen werden (optische Pyrometer oder Teilstrahlungspyrometer) und solche, bei denen die Gesamtstrahlung zur Wirkung kommt und eine Erwärmung des temperaturempfindlichen Teiles des Pyrometers hervorruft (Gesamtstrahlungspyrometer).

Solche Instrumente müssen natürlich zunächst in der Weise geeicht werden, daß man mit ihnen die von einem Körper bei einer Anzahl bekannter Temperaturen ausgestrahlte Helligkeit oder Gesamtenergie bestimmt, um aus der auf diese Weise festgestellten Beziehung zwischen der Temperatur und dieser experimentell bestimmten anderen Größe auch einen unbekannten Temperaturwert messen zu können. Hierzu muß aber die Vorfrage grundsätzlich entschieden werden, welche Körper man zur Eichung heranziehen will. Es scheiden hierfür offenbar solche Körper aus, die für bestimmte Farben, d. h. für gewisse Werte der Wellenlänge ein besonders starkes Strahlungsvermögen haben, so z. B. glühender Natriumdampf, der bekanntlich beim Einbringen von Kochsalz in die Bunsenflamme nur gelbes Licht aussendet. Denn mittels einer Eichkurve, die mit gelbem Licht erhalten ist, wäre man ja nicht imstande, die Temperatur eines anderen Körpers festzustellen, der vielleicht nur rotes Licht aussendet. Man muß zur Eichung also einen solchen Körper wählen, der alle Strahlen aussendet, und zwar alle in möglichst hohem Grade; nur dadurch ist jede Willkür bei der Eichung ausgeschlossen. Dies ist nun der sog. vollkommen schwarze Körper, d. h. ein solcher, der alle auf ihn treffenden Strahlen absorbiert (vgl. oben S. 11, Fußnote 3).

Man begegnet bei der praktischen Verwirklichung des vollkommen schwarzen Körpers, die für die Eichung der Strahlungspyrometer erforderlich ist, der Schwierigkeit, sich einen solchen herzustellen. Bezeichnet man nämlich mit dem Absorptionsvermögen A den Bruchteil der auffallenden Strahlungsenergie, den ein Körper absorbiert, so ist A ein echter Bruch, der für den absolut weißen Körper = 0, für den absolut schwarzen Körper = 1 ist. Selbst unsere schwärzesten Körper haben aber nur ein Absorptionsvermögen von höchstens 0,97, statt des geforderten Wertes 1.

Hier hilft nun die Betrachtung eines etwa kugelförmigen Hohlraumes, in dessen überall gleich temperierter Oberfläche man eine kleine Öffnung anbringt. Ein Lichtstrahl, der durch sie hineinfällt, wird an der inneren Oberfläche hin- und herreflektiert, dabei, falls die Hohlraum-Innenfläche dunkel ist, bei jeder Reflexion teilweise absorbiert und daher nur mit geschwächter Intensität reflektiert. Wird die Öffnung hinreichend klein gewählt, so ist die Wahrscheinlichkeit dafür, daß der eingefallene Lichtstrahl bereits nach wenigen inneren Reflexionen und daher nahezu ungeschwächt den Weg durch die Öffnung nach außen findet, außerordentlich gering. »Praktisch« gelangt er nicht mehr hinaus und die kleine zum Hohlraum führende Öffnung hat die gleiche Wirkung, wie wenn sie vollkommen schwarz wäre; sie verschluckt nämlich völlig die auftreffenden Strahlen.

Durch eine einfache Rechnung läßt sich diese Betrachtung durch den Nachweis ergänzen, daß sich in dem Rauminhalt eines allseitig geschlossenen Hohlraumes durch die gegenseitige Zustrahlung der inneren Oberflächenelemente eine Strahlung ausbildet, die unabhängig von der Farbe der inneren Oberfläche, die gleiche ist, wie wenn diese vollkommen schwarz wäre[1]. Bringt man also in der Oberfläche eine Öffnung an, so quillt durch sie diese das Rauminnere füllende Strahlungsenergie heraus, und die Öffnung strahlt, als wenn sie völlig schwarz wäre.

Nach dieser Kirchhoffschen Hohlraumtheorie des vollkommen schwarzen Körpers kann man sich also einen solchen dadurch herstellen, daß man einen Hohlraum mit einer Öffnung versieht, etwa indem man in einen elektrisch geheizten zylindrischen Ofen an dessen einer Stirnseite eine kleine Öffnung

---

[1]) Fr. Kohlrausch, Lehrbuch der praktischen Physik, 14. Auflage (1923), S. 433.

anbringt. Durch eingeschobene Blenden hat man dafür zu sorgen, daß keine Strahlen aus dem Ofen austreten können, die nicht mehrfach an der Innenfläche reflektiert worden sind. Denn nur für solche vielfach reflektierte, dagegen nicht für die direkt herauskommenden Strahlen gilt die obige Hohlraumtheorie, daß die Öffnung wie ein »schwarzer Körper« strahlt, also wirklich eine sog. »schwarze Strahlung« aussendet.

Mit einem solchen Hohlraum werden sämtliche Strahlungspyrometer geeicht. Da hierfür zunächst die Strahlungsgesetze des schwarzen Körpers, und zwar sowohl die Abhängigkeit der Gesamtstrahlung von der Temperatur als auch die spektrale Energieverteilung auf die einzelnen Wellenlängen der ausgesandten Strahlen bekannt sein müssen, so ist es erklärlich, daß sich die Strahlungspyrometrie erst neuerdings entwickelt hat.

Die für die Strahlung des schwarzen Körpers gültigen Gesetze sind die folgenden:

1. Nach dem von Stefan experimentell gefundenen und von Boltzmann thermodynamisch begründeten sog. Stefan-Boltzmannschen Gesetze ist die von der Flächeneinheit in der Zeiteinheit ausgesandte Gesamtenergie proportional der 4. Potenz der absoluten Temperatur, also

$$S = \sigma \cdot T^4 \quad \ldots \ldots \ldots \quad (29)$$

Je nach den bei der Messung von S benutzten Einheiten hat σ den Zahlenwert[1]):

$$4{,}96 \cdot 10^{-8} \frac{\text{kcal}}{\text{m}^2 \, \text{st Grad}^4} \quad \text{oder} \quad 1{,}38 \cdot 10^{-12} \frac{\text{cal}}{\text{cm}^2 \, \text{sec Grad}^4} \quad \text{oder}$$

$$5{,}76 \cdot 10^{-12} \frac{\text{Watt}}{\text{cm}^2 \, \text{Grad}^4} \, .$$

Daraus folgt z. B. bei Verwertung des ersten Wertes:

$$T = \sqrt[4]{\frac{S \cdot 10^8}{4{,}96}} = 67{,}0 \sqrt[4]{S} .$$

2. Zur Untersuchung der spektralen Energieverteilung der von einem schwarzen Körper ausgehenden Strahlung denke

---

[1]) K. Hoffmann, Bestimmung der Strahlungs-Konstanten, referiert von Gerlach Phys. Ber. 4 (1923) S. 830.

man sich von dieser das Normal- oder Beugungsspektrum entworfen, bei dem also längs des ganzen Spektrums gleichen Unterschieden der Wellenlängen gleich breite Spektralgebiete entsprechen. Bezeichnet $E_\lambda \cdot d\lambda$ diejenige Teilenergie, deren Wellenlänge zwischen λ und $\lambda + d\lambda$ gelegen ist, so gilt nach M. Planck die Gleichung:

$$E_\lambda = C \frac{\lambda^{-5}}{e^{\frac{c}{\lambda T}} - 1} \quad \ldots \ldots \ldots \quad (30)$$

worin C und c zwei Konstanten bedeuten, und zwar $C = 5{,}87$. 10^{-6} Erg. cm² sec⁻¹ und $c = 1{,}43$ cm · Grad, wenn λ in cm gemessen wird.

Für nicht zu große Werte von λT kann im Nenner des Bruches der Subtrahend 1 gegen $e^{\frac{c}{\lambda T}}$ vernachlässigt werden, und man gelangt dann zu der einfacheren Formel von W. Wien:

$$E_\lambda = \frac{C \lambda^{-5}}{e^{\frac{c}{\lambda T}}} \quad \ldots \ldots \ldots \quad (30\,\text{a})$$

Selbst bis zu sehr hohen Temperaturen ist im ganzen sichtbaren Spektralbereich diese Gleichung hinreichend genau erfüllt (z. B. ist auch bei $T = 4000^0$ noch $\lambda T \leqq 0{,}3$ cm · Grad). Aus ihr kann man ableiten

$$\ln E_\lambda = \ln (C \lambda^{-5}) - \frac{c}{\lambda} \frac{1}{T} \,;$$

führt man zur Abkürzung ein

$$a = \ln (C \lambda^{-5}) \text{ und } b = \frac{c}{\lambda},$$

so folgt

$$\frac{1}{T} = \frac{a}{b} - \frac{1}{b} \ln E_\lambda \quad \ldots \ldots \ldots \quad (30\,\text{b})$$

Für eine gegebene Wellenlänge λ sind a und b Konstante, und es ergibt sich also die einfache Beziehung, daß sich $\ln E_\lambda$ linear mit $\frac{1}{T}$ verändert. Wählt man also bei der graphischen Darstellung ihrer Abhängigkeit voneinander diese Größen als Ordinaten und Abszissen, so erhält man eine gerade Linie (die sog. isochromatische Gerade).

3. und 4. Aus dem Wienschen Gesetz der Energieverteilung im Spektrum lassen sich noch zwei weitere Formeln ableiten, die zur Temperaturmessung aus Strahlungsbeobachtungen Verwendung finden können. Trägt man in einem Koordinatensystem λ als Abszisse, E_λ als Ordinate ein, so erhält man für verschiedene Temperaturen Kurven, die sämtlich bei abnehmenden Werten von λ mit kleinen Beträgen von E_λ beginnen, zu einem Maximum ansteigen und darauf wieder herabsinken. Für die Höhe dieses Maximums E_{max} und seine Lage bei einer bestimmten Wellenlänge λ_{max} gelten die Beziehungen

oder

$$\left.\begin{array}{c} E_{max} = 2{,}08 \cdot 10^{-5}\ T^5\ \text{Erg/cm}^3\text{-sec} \\[2mm] T = \sqrt[5]{\dfrac{E_{max} \cdot 10^5}{2{,}08}} = 8{,}64 \sqrt[5]{E_{max}} \end{array}\right\} \quad \dots\ (31)$$

und

oder

$$\left.\begin{array}{c} \lambda_{max}\ T = 0{,}288\ \text{cm} \cdot \text{Grad} \\[2mm] T = \dfrac{0{.}288}{\lambda_{max}} \end{array}\right\} \quad \dots\dots\ (32)$$

Alle Gleichungen (29) bis (32) sind zur Temperaturmessung geeignet, indem die Strahlung durch Absorption auf der Lötstelle eines Thermoelementes oder den Drähten eines Widerstandsthermometers (Bolometers) in Wärme umgewandelt wird.

Die Gleichung (32) erfordert zwar nur die spektrale Bestimmung der Wellenlänge λ_{max}, bei der das Energiemaximum liegt, sie bietet jedoch gewisse experimentelle Schwierigkeiten, wenn eine größere Genauigkeit angestrebt wird. Beobachtungsfehler bei λ_{max} beeinflussen in prozentual gleicher Höhe die erhaltenen Werte von T.

In dieser Hinsicht sind die Gleichungen (29) und (31) geeigneter, da in die Werte von T nur etwa $^1/_4$ bzw. $^1/_5$ des bei der Messung von S bzw. E_{max} gemachten Fehlers eingeht. Die letzteren beiden Energiebeträge müßten eigentlich im absoluten Maße bestimmt sein, wenn die vor den Wurzeln stehenden Faktoren 67,0 bzw. 8,64 benutzt werden sollen. Dies läßt sich dadurch umgehen, daß man zunächst die Strahlung eines Körpers bekannter Temperatur auf den Versuchsapparat fallen läßt und die auf ihn hervorgerufene Wirkung beobachtet. Da von dieser stets bekannt sein wird, in welcher Weise sie von dem Betrage der auffallenden Strahlungsenergie abhängt, so kann man aus jener Beobachtung bei bekannter Temperatur die in den Gleichungen auftretenden Faktoren als Konstante der Versuchsanordnung bestimmen.

Will man das Auge bei der Strahlungsmessung verwenden, so können photometrische Methoden benutzt werden. Denn in den sichtbaren Teilen des Spektrums ist die einer bestimmten Wellenlänge zugehörige Energie proportional der erzeugten Helligkeit. Wendet man daher die Gleichung (30b) auf die zwei Temperaturen T_1 und T_2 an und bezeichnet mit E_λ', E_λ'' die zugehörigen, der Wellenlänge λ entsprechenden Teilenergien, so folgt aus ihr unmittelbar:

$$\frac{1}{T_1} - \frac{1}{T_2} = b \cdot \ln \frac{E_\lambda''}{E_\lambda'} = b \cdot \ln \frac{H_\lambda''}{H_\lambda'},$$

worin das Energieverhältnis $\dfrac{E_\lambda''}{E_\lambda'}$ nichts anderes ist, als das photometrisch leicht zu messende Helligkeitsverhältnis $\dfrac{H_\lambda''}{H_\lambda'}$.

Hierbei ist der Wert von $b = \dfrac{c}{\lambda}$ für eine bestimmte ausgewählte Wellenlänge λ bekannt, und es ist daher möglich, aus der Helligkeit H_λ'' die Temperatur zu berechnen, wenn für eine bekannte Temperatur T_1 die Helligkeit H_λ' bestimmt worden war.

Mittels dieser Gesetze ist die Eichung der in den Handel gebrachten Strahlungspyrometer vorzunehmen.

Bei den Gesamtstrahlungspyrometern werden die von dem untersuchten Körper ausgehenden Strahlen auf den empfindlichen Teil des Pyrometers geworfen, und es wird die durch die Bestrahlung hervorgerufene Erwärmung festgestellt. — Bei demjenigen von Hirschson-Braun besteht der empfindliche Teil aus zwei geschwärzten Nickelspiralen, welche zwei gegenüberliegende Zweige einer Wheatstoneschen Brücke bilden. — Bei den anderen Pyrometern ist es die Lötstelle eines Thermoelementes, auf die z. B. in demjenigen von Fery die Strahlen durch einen Hohlspiegel konzentriert werden. — Bei den

übrigen Instrumenten dieser Art geschieht die Sammlung der
Strahlen durch Linsen. Bei dem »Ardometer« von Siemens-
Halske ist die Lötstelle in einer luftleer gepumpten Glasbirne
eingesetzt; hierdurch wird einerseits die Ableitung der durch
die Zustrahlung aufgenommenen Wärme vermindert, also
die geweckte Thermokraft und die Empfindlichkeit des Instrumentes vergrößert, anderseits die Verwendung sehr dünner
Elementendrähte ermöglicht und dadurch die thermische Trägheit, also auch die Einstellungsdauer des den Thermostrom
messenden Instrumentes verkleinert. An die Lötstelle ist ein
Platinblättchen angelötet, das an der dem Versuchskörper
zugewandten Seite geschwärzt ist. Dies Blättchen vermehrt
einerseits die durch Absorption auf die Lötstelle übergehende
Wärmemenge und dient anderseits dazu, die durch das Be-
obachtungsrohr verlaufenden Strahlen genau axial einzustellen.
— Ähnlich dem Ardometer ist das Prinzip des »Pyro« von
Dr. R. Hase, Hannover; auch bei ihm befindet sich die be-
strahlte Lötstelle eines Thermoelementes in einer luftleer gepumpten Glasbirne. Durch die Wahl eines Thermoelementes
von hoher Thermokraft und passende Konstruktion des zur
Messung des Thermostromes dienenden Stromzeigers ist es
möglich gewesen, den Strahlungsempfänger und den Tempe-
raturanzeiger in einfacher Bauart miteinander zu vereinigen,
so daß die sonst erforderlichen Verbindungsleitungen zwischen
diesen in Fortfall kommen.

Zum Zwecke der möglichst bequemen Verwendung dieser
Pyrometer sind die Skalen der dazugehörigen Meßinstrumente,
die ursprünglich elektrische Spannungen oder Stromstärken
angeben, durch empirischen Vergleich mit einem auf verschiedene bekannte Temperaturen gebrachten schwarzen Körper
oder theoretisch nach den angeführten Gesetzen der »schwarzen
Strahlung« so geeicht, daß man an ihnen unmittelbar die
Temperatur ablesen kann.

Die Gesamtstrahlungspyrometer haben sich dank ihrer
technischen Vervollkommnung mehr und mehr in der Praxis
eingeführt, so daß sie wohl vielfach schon in solchen Temperaturbereichen, in denen das Thermoelement noch benutzt
werden könnte, zur Anwendung kommen. — Sie besitzen den
Vorzug, daß sie eine verhältnismäßig sehr kurze Einstellzeit

haben. Sie können ebenso wie die Thermoelemente und Widerstandsthermometer auch fern von der Meßstelle zur Beobachtung kommen und gestatten es, wie diese, den Temperaturverlauf fortlaufend selbsttätig aufzuzeichnen.

Zu den optischen Teilstrahlungspyrometern gehört dasjenige von Holborn-Kurlbaum, bei dem eine kleine, elektrische, von einer kleinen Akkumulatorenbatterie gespeiste Lampe durch Regulierung ihres Heizstromes auf die gleiche Helligkeit gebracht wird wie der zu untersuchende Körper. Bei richtiger Einstellung scheint der Glühfaden der Lampe sich in der anvisierten leuchtenden Fläche aufzulösen, während er bei zu geringer oder zu starker Stromstärke sich von dieser als dunkler oder heller Faden abhebt.

Auf dem gleichen Prinzip wie dieses Pyrometer beruht das von der Allgemeinen Elektrizitäts-Gesellschaft (AEG) angefertigte Betriebspyrometer, welches aber nicht an eine Akkumulatorenbatterie, sondern an die Netzspannung einer Starkstromleitung angeschlossen wird. — Wegen der unvermeidlichen Spannungsschwankungen der letzteren ist das Instrument wohl für die Kontrolle eines technischen Betriebes, aber nicht für genaue wissenschaftliche Beobachtungen geeignet.

Bei dem optischen Pyrometer von Wanner wird die Helligkeit einer von einer elektrischen Lampe erleuchteten Vergleichsfläche durch gegenseitige Verdrehung der optischen Bestandteile des Instrumentes derjenigen des untersuchten Körpers gleich gemacht. — Nur ein begrenzter roter Spektralbereich kommt zur Beobachtung, und die Temperaturmessung erfolgt mittels einer Eichtabelle, die nach dem Gesetz der isochromatischen Geraden entworfen ist.

Die Beobachtungen mit den optischen Pyrometern erfolgen rein subjektiv und können daher nicht registriert werden.

Da die Strahlungspyrometer nach dem Gesagten mittels des vollkommen schwarzen Körpers geeicht werden müssen, so haben sie bei allen Vorzügen der bequemen Handhabung doch den Nachteil, daß sie die Temperatur nur richtig angeben, wenn der zu untersuchende Körper ebenfalls schwarz ist.

Dies trifft beispielsweise bei der Temperaturmessung eines Ofens zu, dessen Strahlen durch eine Öffnung auf ein Pyrometer fallen, da der Ofen nahezu eine schwarze Hohlraumstrahlung aussendet. Es gilt ferner für den Fall, daß sich in den heißen Raum ein am einen Ende geschlossenes Rohr einbauen läßt, dessen Boden mit dem Pyrometer anvisiert werden kann. Auch die Strahlung dieses Bodens darf mit großer Annäherung als »schwarz« angesehen werden.

Bei »nicht-schwarzen« Körpern, die nach allen Seiten frei ausstrahlen, gibt ein mit dem schwarzen Körper geeichtes Pyrometer nur die sog. »schwarze Temperatur« an, also diejenige, die der betreffende strahlende Körper besitzen würde, wenn er schwarz wäre. Diese Temperatur ist aber notwendigerweise niedriger als die wirklich vorhandene, da ja der schwarze Körper das größtmögliche Strahlungsvermögen hat, also eine gewisse Energie schon bei tieferer Temperatur aussendet als ein nicht-schwarzer. Zur Bestimmung der Korrektur, die an der mit dem Strahlungspyrometer bestimmten schwarzen Temperatur anzubringen ist, um die wirkliche Temperatur des nicht-schwarzen Kö pers zu erhalten, bedarf man der Kenntnis von dessen Strahlungsvermögen mit allen seinen Einzelheiten. Leider liegen hierüber noch nicht allzu viele sichere Beobachtungen vor.

Anhang.

Zahlentafel 1.[1])

Werte der Wärmeleitzahl $\lambda \left[\dfrac{\text{kcal}}{\text{m st } ^0\text{C}} \right]$.

Korkplatten . . .	0,035—0,05	Hartgummi	0,16
Torfplatten	0,04—0,05	Glimmer	0,3
Glaswolle	0,035—0,06	Glas	0,6
Schlackenwolle . .	0,04—0,06	Porzellan	0,9
Kieselgur	0,05—0,06	Dachpappe.	0,6
Gebrannte Kiesel-		Ziegel	0,4—0,75
gursteine	0,08—0,11	Leichtbeton	0,2—0,5
Magnesia m. Asbest-		Kiesbeton	0,6—1,1
zusatz	0,05—0,07	Schamottestein . . .	0,5—0,7
Kohlenschlacke	0,13	Neusilber	25
Pappe	0,16	Nickel	50
Kiefernholz, senkrecht zur		Rotguß	55
Faser	0,13	Eisen	50—60
Eichenholz, senkr. z. Faser	0,18	Messing	90
Asbestfaser	0,1—0,2	Aluminium	180
Asbestpappe	0,2	Kupfer	300—360
Asbestplatten . . .	0,2—0,3	Silber	360

Zahlentafel 2.

Wärmeübergangszahlen $\alpha \left[\dfrac{\text{kcal}}{\text{m}^2 \text{ st } ^0\text{C}} \right]$.

Die Wärmeübergangszahl ist so stark von den Versuchsbedingungen abhängig, daß es unmöglich ist, die bestehenden Gesetzmäßigkeiten durch einige herausgegriffene Zahlenwerte deutlich zu machen. Angaben darüber sind zu finden in »Hütte«, 25. Aufl. 1926, S. 451 ff, und bei H. G r ö b e r , »Einführung in die Lehre von der Wärmeübertragung« (Julius Springer, 1926), wo auf S. 7 zur ersten Orientierung folgende Übersicht gegeben ist:

bei sogenannter ruhender Luft . . . . . $\alpha =$ 3 bis 30
» bewegter Luft . . . . $\alpha =$ 10 » 500
» bewegten, nicht siedenden Flüssigkeiten $\alpha =$ 200 » 5000
» siedenden Flüssigkeiten . . . . $\alpha =$ 4000 » 6000
» kondensierenden Dämpfen . . . . . $\alpha =$ 7000 » 12000

Für überhitzten Dampf gelten die gleichen Grenzen wie für Luft.

---

[1]) Vgl. E. S c h m i d t , Mitt. aus d. Forschungsheim f. Wärmeschutz, München, Heft 5 (1924), S. 7, und M. J a k o b , Zeitschr. f. Metallkunde, 16 (1924), S. 353.

Zahlentafel 3.[1])

$$\text{Strahlungszahlen } C \left[\frac{\text{kcal}}{\text{m}^2 \text{ st (Grad)}^4}\right].$$

Material und Oberflächenbeschaffenheit	Strahlungszahl C in $\frac{\text{kcal}}{\text{m}^2 \text{ st (Grad)}^4}$	Strahlungszahl C in % d. vollk. schw. Körpers
Vollkommen schwarzer Körper . . .	4,96	100
Messing, poliert	0,25	5,0
Messing, rohe Walzoberfläche	0,34	6,9
Kupfer, poliert	0,20	4,0
Aluminium, poliert	0,26	5,2
Aluminium, rohes Blech	0,35	7,1
Aluminiumlack (mit Zapon als Bindemittel)	1,98	40,0
Eisenblech, vernickelt, poliert. . . .	0,29	5,8
Eisenblech, verzinnt, blank	0,28	5,7
Eisenblech, verzinnt, matt	0,41	8,2
Eisenblech, verzinkt, neu	1,13	22,8
Eisenblech, verzinkt, alt	1,37	27,6
Eisenblech, frisch abgeschmirgelt . .	1,20	24,2
Eisenblech, verrostet	3,40	68,5
Stahlblech, Walzhaut	3,26	65,7
Stahlblech, mit dichter, glänzender Oxydschicht	4,06	81,9
Gußeisen, frisch abgedreht	2,16	43,5
Gußeisen, Gußhaut glatt	3,98	80,2
Gußeisen, Gußhaut rauh	4,06	81,9
Weiße Schmelzemail auf Eisen . . .	4,45	89,7
Mittelwert verschieden gefärbter Lackanstriche	4,46	90,0
Gips	4,48	90,3
Eichenholz, gehobelt	4,44	89,5
Hartgummi, glatt, schwarz	4,69	94,5
Asbestschiefer, rauh	4,76	96,0
Ziegelstein, rot, glatt	4,61	93,0
Porzellan, glasiert	4,58	92,4
Glas, glatt	4,65	93,7
Papier, weiß, matt	4,68	94,4
Dachpappe	4,52	91,0

[1]) Die Zahlenwerte verdanken wir Herrn Prof. Dr.-Ing. E. Schmidt, Danzig, der seine Untersuchung demnächst in den Beiheften zum Gesundheitsingenieur veröffentlichen wird.

Tabellen und Diagramme für Wasserdampf

berechnet aus der spezifischen Wärme

Von

Prof. Dr. O. Knoblauch, Dipl.-Ing. E. Raisch
und Dipl.-Ing. H. Hausen

32 Seiten, 4 Abbildungen, 3 Diagrammtafeln als Beilage
Lex.-8°. 1923. Brosch. M. 2.40.

Sonderausgaben der Diagramme. Ausgabe A enthaltend: Je ein i, s- und i, p-Diagramm. Ausgabe B enthaltend: Zwei i, s-Diagramme. Preis der Ausgaben (2 Tafeln) in Streifband je M. 1.10. Partiepreise: 10 Exemplare der Ausgaben A oder B je M. —.85. 25 Exemplare der Ausgaben A oder B je M. —.80. 50 Exemplare der Ausgaben A oder B je M. —.75. Diese Ausgaben werden auch gemischt abgegeben.

Prof. Stodola in der Schweiz (Bauzeitung): In Form eines dünnen Heftes von bloß 32 Seiten bietet Prof. Knoblauch, der Schöpfer und Leiter des Laboratoriums für technische Physik an der Technischen Hochschule in München, die Verarbeitung der von ihm und seinen Mitarbeitern in jahrzehntelanger unermüdlicher Forschung gewonnenen Ergebnisse der Ingenieurwelt dar. Die Eigenschaften des Wasserdampfes, dieses vornehmsten Energieübermittlers der technischen Krafterzeugung, sind nun im Gebiete von 0 bis 30 at und 0° bis 550°C mit nicht zu übertreffender Genauigkeit bekannt und in Formeln zusammengefaßt, die sich dem Versuch so gut anschmiegen, daß Knoblauch eine Extrapolation bis 60 at für zulässig erklärt.

Die Wärmeverluste durch ebene Wände

unter besonderer Berücksichtigung des Bauwesens

Von

Dr.-Ing. Karl Hencky

132 Seiten, 25 Abbildungen. Gr.-8°. 1921. Brosch. M. 4.—, geb. M. 5.80

Glasers Annalen: Der aus der wärmetechnischen Literatur wohlbekannte Verfasser entwickelt in drei Teilen die Gesetze der Wärmeübertragung in ihrer Anwendung auf das Bauwesen, die Luftdurchlässigkeit der Wände und die Wärmebedarfszahlen für verschiedene Bauweisen und physikalische Bedingungen. Zum Teil werden hierbei eigene Versuchsergebnisse aus dem Laboratorium der Technischen Hochschule in München zugrunde gelegt. Es ist ein Verdienst, den ganzen Stoff aus dem Gebiet der Erfahrungszahlen auf eine wissenschaftliche, rechnerische Grundlage gestellt und damit die Möglichkeit geschaffen zu haben, auch auf dem Gebiete des Bauwesens die heute so erforderliche Rechenschaft über die Wärmewirtschaft abzulegen. Das Buch sollte daher bei der genaueren Behandlung aller Heizungs- und Lüftungsfragen, sowohl für Bau (Siedlungen!) wie für Betrieb (Heizungsanlagen) zu Rate gezogen werden. (Dr. Landsberg.)

R. OLDENBOURG / MÜNCHEN UND BERLIN

Die Technik
der elektrischen Meßgeräte
Von
Dr.-Ing. Georg Keinath

2. Aufl., 477 Seiten, 400 Abbildungen. Gr.-8⁰. 1922. Brosch. M. 17.—,
geb. M. 19.50

Inhalt: I. Allgemeine Eigenschaften elektrischer Meßgeräte. II. Schreibende
Meßgeräte. III. Beschreibung der Meßgeräte. IV. Zubehör zu Meßinstrumenten. V. Meßmethoden.

Zeitschrift des Österr. Ingenieur- und Architekten-Vereins: Das Buch ist eine
wertvolle Ergänzung der elektrotechnischen Fachliteratur und wird hauptsächlich dem Prüffeldtechniker zu einem unentbehrlichen Handbuch werden,
insbesondere dann, wenn er in die Lage kommt, über die Qualität seiner Meßinstrumente Kritik zu halten. Selbstverständlich ist das Werk besonders gut
geeignet, den Prüfenden mit der Mechanik der gebräuchlichen Meßinstrumente genau bekanntzumachen, was oftmals von ganz vortrefflichem Werte
sein kann. Die Auswahl und die Darstellung des Stoffes ist wohl durchge-
arbeitet.

Journal of the Franklin Institute: The book is commendable in all respects,
and really one of the many instances of the extraordinary thoroughness, pa-
tience and purely scientific spirit in which the German carries out his task.

Elektrische Temperaturmeßgeräte
Von
G. Keinath

284 Seiten, 219 Abbildungen. Gr.-8⁰. 1923. Brosch. M. 10.80,
geb. M. 12.30

Inhalt: Thermoelektrische Pyrometer. — Widerstandsthermometer. — Strahlungspyrometer. — Instrumente für elektrische Pyrometer. — Anwendungen
der elektrischen Temperaturmessung.

Stahl und Eisen: Der Hauptvorzug des neuen Werkes liegt .... in der kriti-
schen Gegenüberstellung der Leistungsfähigkeit und der Fehlerquellen und
Fehlergrenzen der einzelnen Instrumententypen sowie in den zahlreichen An-
weisungen für den Gebrauch in der Praxis; diese werden durch die reichlich
beigegebenen Abbildungen der Meßgeräte und durch die die Beobachtungsergebnisse darstellenden Schaubilder und Zahlentafeln wirksam unterstützt.
Das Werk kann besonders für die Bücherei des Eisenhüttenmannes wärmstens
empfohlen werden.

R. OLDENBOURG / MÜNCHEN UND BERLIN